权威·前沿·原创

皮书系列为
"十二五""十三五"国家重点图书出版规划项目

BLUE BOOK

智库成果出版与传播平台

科普蓝皮书

BLUE BOOK OF
SCIENCE POPULARIZATION

中国科普人才发展报告
（2018~2019）

THE DEVELOPMENT REPORT ON CHINA'S SCIENCE
POPULARIZATION TALENT(2018-2019)

主　编/郑　念　任嵘嵘
副主编/孙朝阳　张利梅

社会科学文献出版社
SOCIAL SCIENCES ACADEMIC PRESS (CHINA)

图书在版编目(CIP)数据

中国科普人才发展报告.2018-2019/郑念,任嵘嵘主编.--北京:社会科学文献出版社,2020.7
(科普蓝皮书)
ISBN 978-7-5201-6104-6

Ⅰ.①中… Ⅱ.①郑…②任… Ⅲ.①科普工作-人才培养-研究报告-中国-2018-2019 Ⅳ.①G322

中国版本图书馆CIP数据核字(2020)第026164号

科普蓝皮书
中国科普人才发展报告(2018~2019)

主　编/郑　念　任嵘嵘
副主编/孙朝阳　张利梅

出 版 人/谢寿光
责任编辑/薛铭洁

出　　版/社会科学文献出版社·皮书出版分社(010)59367127
　　　　　地址:北京市北三环中路甲29号院华龙大厦　邮编:100029
　　　　　网址:www.ssap.com.cn
发　　行/市场营销中心(010)59367081　59367083
印　　装/天津千鹤文化传播有限公司
规　　格/开　本:787mm×1092mm　1/16
　　　　　印　张:15　字　数:221千字
版　　次/2020年7月第1版　2020年7月第1次印刷
书　　号/ISBN 978-7-5201-6104-6
定　　价/128.00元

本书如有印装质量问题,请与读者服务中心(010-59367028)联系

▲ 版权所有 翻印必究

科普蓝皮书编委会

主　　　编　郑　念　任嵘嵘

副 主 编　孙朝阳　张利梅

课题组成员　王丽慧

本 书 作 者（按照章节顺序排列）

　　　　　　　郑　念　任嵘嵘　杨帮兴　吴春廷　刘　萱
　　　　　　　孙朝阳　郑　毅　高淑环　丁　翎　杨家英
　　　　　　　吕　俊　汤书昆　牛桂芹　倪　杰　冯　羽
　　　　　　　赵　军　谭莉梅

主要编撰者简介

郑　念　中国科普研究所政策室主任，研究员，《科普研究》副主编。中国无神论协会理事，中国技术经济学会理事，国际探索中心中国分部执行主任。曾在中国社会科学院办公厅调研处、中国社会科学院农村发展研究所、中央党校中国市场经济报社从事研究、采编、管理等工作。承担国家级、省部级课题30余项。编辑出版论著（专、合）20余部，发表学术论文50余篇。主要从事科普评估、科普人才、科学理论、科学素养和防伪破迷等研究。目前承担的主要课题有科学文化建设、科普监测与评估理论及实践研究、科普人才研究、国家科普能力建设研究。

任嵘嵘　东北大学秦皇岛分校科学教育研究中心主任，教授，博士，硕士生导师。近年来承担省级以上课题11项，出版专著及主编著作《中国科普人才发展报告（2015）》《中国科普人才发展报告（2016~2017）》《科普领域的质性分析——MAXQDA软件应用》等5部；在《中国管理科学》《科学学》《管理评论》上发表论文20余篇。获河北省教学成果奖一等奖1项、二等奖1项。目前主要从事科普人才理论研究、科普评估工作。

摘　要

《中国科普人才发展报告（2018～2019）》，汇集了科普人才领域专业人士近两年的研究成果，是对当前中国科普人才政策、队伍培养、建设与发展的系统汇报。

科普人才的发展离不开科普人才政策导向与支撑。顶层设计、政策供给一直是科普人才管理者与研究人员致力解决的问题。总报告对中国科普人才政策的演变与发展历程进行了梳理（B.1）。高层以科普专门人才培养篇和专业科普人才培养篇考察、评估了近5年我国高层次科普人才培养的发展情况，从招生、就业、实习、馆校联合、创新创业等方面进行全面的剖析（B.2）；积极探索了培养高层次科普专门人才的实践能力的模式和途径（B.3）；对科学家面向公众开展科学传播活动进行了调查，同时借鉴欧洲各地支持大学、科研机构公共交流的举措，提出了科学家科学传播能力的提升策略（B.4）；针对专业科普人才的培养，报告以最新的科技小院的科普人才培养模式（B.5）、科普影视创作人才（B.6）、应急科普人才（B.7）等新兴的科普人才类别进行详细的剖析，试图将更多的科普人才工作内容、模式等呈现在公众面前。

基于科普新视角，报告针对科普组织对科普人才的吸引力是什么（B.8），北京科普传播人才职称的划时代意义在哪里（B.9），创新文化背景下科普人才培养的策略要如何发展与配适（B.10），农业科研机构开展科普活动时科普人员的角色、定位如何（B.11）等，进行了深度分析。

本报告对于科普工作管理者、科普研究人员、科普人才培养的教学培训人员，具有重要的参考作用。

关键词：科普人才　科普人才政策　科普人才发展

目 录

Ⅰ 总报告

B.1 科普人才政策研究：演变、趋势与展望
　　……………………………… 郑　念　任嵘嵘　杨帮兴 / 001
　　一　科普政策研究概况 ………………………………………… / 003
　　二　政策搜集与技术处理 ……………………………………… / 006
　　三　我国科普人才政策阶段划分 ……………………………… / 008
　　四　科普人才政策阶段性概况 ………………………………… / 011
　　五　科普人才政策演进的阶段性政策关键词社会网络分析 …… / 014
　　六　科普人才政策的演变规律 ………………………………… / 037
　　七　科普人才政策发展展望 …………………………………… / 041

Ⅱ 高层次科普专门人才培养篇

B.2 中国高层次科普专门人才培养试点工作报告 …………… 任嵘嵘 / 046

B.3 高层次科普专门人才实践能力培养研究
　　——以北京师范大学科学与技术教育专业为例 ……… 吴春廷 / 073

B.4 2018年中国科学家开展科学传播活动的现状与对策
　　……………………………………………… 刘　萱　任嵘嵘 / 086

001

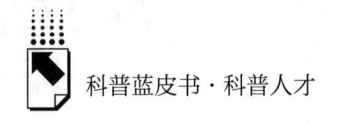

Ⅲ 专业科普人才培养篇

B.5 基于"科技小院"的科普人才培养模式探索
　　……………………………… 孙朝阳　郑　毅　高淑环 / 101
B.6 科普影视创作人才建设现状与对策研究………… 丁　翎 / 119
B.7 我国应急科普人才培养研究……………… 杨家英　郑　念 / 130

Ⅳ 科普新视角

B.8 科普组织对科普人才的吸引力
　　——基于求职者视角的研究 ………… 吕　俊　汤书昆 / 146
B.9 基于人才分类评价的北京科学传播人才职称案例研究
　　………………………………………………… 牛桂芹 / 165
B.10 创新文化建设背景下科普人才培养策略研究
　　………………………………………… 倪　杰　冯　羽 / 180
B.11 对农业科研机构开展科普工作有效性探索的思考
　　………………………………………… 赵　军　谭莉梅 / 200

Abstract ………………………………………………………… / 213
Contents ………………………………………………………… / 215

总报告

General Report

B.1
科普人才政策研究：演变、趋势与展望

郑 念 任嵘嵘 杨帮兴*

摘　要： 新中国成立70年来，我国科普人才政策发生了巨大变化。本文从社会网络视角出发，对1994～2018年科普人才政策文本进行了社会网络分析，根据政策文本自身性质和时代内涵予以阶段性划分，发现了科普人才政策的演进态势。通过对该演进态势的进一步分析，发现中国科普人才政策体系发展在总体上呈现不断丰富和完善的趋势，同时也产生了伴随着科普人才政策体系的丰富和完善随之而来的新的政策制定需求问题，比如政策行为网络节点边缘化趋势明显、目的性政策行为与手段性政策措施之间不协调、政策关键词网络各行为

---

* 郑念，中国科普研究所政策室主任，研究员，研究方向为科普评估、科普人才、科学理论、科学素质和防伪破迷等；任嵘嵘，东北大学秦皇岛分校科学教育研究中心主任，教授，博士，研究方向为科普人才理论、科普评估；杨帮兴，东北大学秦皇岛分校硕士研究生。

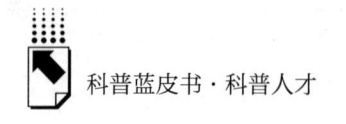

之间联系不紧密等。据此可以展望科普人才政策的未来发展方向，进而为完善科普人才政策提出合理的意见和建议。

关键词： 科普人才　科普人才政策　网络中心性　网络凝聚力

科普人才①是指具备一定科学素质和科普专业技能、从事科普实践并进行创造性劳动、做出积极贡献的劳动者。自二战结束至今，国际局势在相对和平稳定的环境中已逐步发展演变，形成了"一超多强"的局面。当前的国际竞争究其根本是人才的竞争和科技的竞技，是综合国力和国民素质的比拼。科技创新、科学普及是实现创新发展的两翼，人才是创新之本。因此，科普人才在提升我国国民综合素质、加快社会科学文明建设方面发挥着重要作用。

1994年，第一个明确有关科普人才的指导性文件《中共中央、国务院关于加强科学技术普及工作的若干意见》出台，其中明确指出要采取积极有效的措施，稳定和建设一支精干的专业科普工作队伍；② 2002年6月，全国人大常委会颁布《中华人民共和国科学技术普及法》，正式将科学技术普及和科普人才发展工作以国家立法的形式确立下来。③ 自此，我国开始逐步把对科普人才的培养和建设方面的工作与国家经济、社会发展放在同一高度，并且在中共中央、国务院及其下属各部门的共同努力下，通过制定各种中长期发展规划和具体措施来保证科普人才政策的落地实施，切实把科普人才建设纳入国家发展战略体系中。

政策的出台对社会的发展和建设具有引导性、协调性和规范性的作用，

---

① 王大鹏：《从"研究生科普研究能力提升类项目"看科普人才培养》，《第十三届中国科协年会第21分会场——科普人才培养与发展研讨会论文集》，2011，第142~144页。
② 李晓洁：《社会背景下的科普政策——以〈关于加强科学技术普及工作的若干意见〉为例》，《沈阳大学学报》（社会科学版）2017年第1期，第36~41页。
③ 刘烈：《科学普及是全民族的大事——〈中华人民共和国科学技术普及法〉简介》，《中国人大》2002年第16期，第16~18页。

而科普人才政策的颁布和实施对科普事业的发展、科普人才队伍的建设更具有针对性的实际指引作用。新中国成立70年来，党和国家高度重视科普人才发展工作，颁布并实施了一系列有关科普人才指导和规划的政策，在丰富和完善科普政策体系的基础上也为我国科普人才的培养及发展提供了强有力的支撑。

回顾历史可以发现，我国科普人才政策随着历史的推进呈现明显的阶段性发展特点，不同阶段政策的导向与关键内容也彰显出时代特征。基于此，为更好地推动我国科普人才建设、促进科普事业的发展，本文对各阶段国家层面科普人才政策通过关键词进行网络特性解析，进而深层次地探索科普人才政策关键词网络的内部特征，以期为国家科普人才政策的进一步发展和完善提供理论支撑。

一 科普政策研究概况

（一）科普政策研究

科普人才政策是科技政策体系的重要组成部分。而作为指导科普事业发展的科技政策已经受到国内外众多学者的关注与研究。

Zhang[1]从科普政策制定的背景、目标、意识形态以及效果等方面出发，对政策的历史演变以及产生的内容进行了研究；Kong[2]从政策工具理论的视角对科普工作的政策工具进行了研究，发现中国科普政策中的环境政策工具呈现分化状态，供给型政策工具呈现均衡趋势，需求型政策工具显示缺失；Feng等[3]通过回顾国家宏观科普政策体系建立以来四川和重庆开展的科普活

---

[1] Zhang H. L., "Evolution of Science Popularization Policy in China," *Journal of Scientific Temper* 2 (2014): 3-4.

[2] Kong D. Y., "An Analysis of Policy Instrument for Science Popularization in China Based on Content Analysis," *Studies on Science Popularization*, 3 (2019): 11-18.

[3] Feng Y. L., Zhang L. J., "Analysis of Evolution Characteristics for Local Popular Science Policy in China since the Establishment of the Nation," *Value Engineering*, 32 (2011): 32-35.

动,深入分析了地方科普政策的演变规律;Shi 等[1]通过对 100 份科普政策的分组研究,认为潜在的意识形态和宣传是中国科普背后最重要的驱动力。

刘立等[2]探讨了科普政策的定义和体系,并对科普政策的历史演进进行了研究;余维运[3]对 20 世纪 60 年代以来韩国科普政策体系及演变历程进行了研究;王冬敏[4]对我国民族地区科普政策的目标、内容及存在的问题进行了深入探讨;裴世兰等[5]对我国科普政策进行了梳理、提出了科普政策基本体系,并在调查问卷和数据分析的基础上对我国科普政策运行中存在的问题进行了研究;曹乐艳[6]通过问卷调查的形式对我国科普政策的成效、问题、现状进行了研究,发现我国科普政策在内容、制度、建设等方面存在问题,据此提出相应改进建议;刘娅等[7]以"十二五"期间我国政府部门和人民团体发布的 254 份科普政策文本为研究对象,从文本的外部特征和内容特征两个视角进行了深入分析。

由以上可知,国内外针对科普政策的研究目前已相当全面,学者大多通过定性、定量分析的方法或对比的手段在政策体系、内容、效果、目标、演进等方面展开了研究。

(二)科普人才政策研究

就科普人才政策的研究而言,目前仅有少部分学者对此领域进行了研

---

[1] Shi S. K., Zhang H. L., " Policy Perspective on Science Popularization in China," *Science Communication in the World*, 3 (2012): 81 - 94.

[2] 刘立、常静:《中国科普政策的类型、体系及历史发展初探》,《中国科普理论与实践探索——2009〈全民科学素质行动计划纲要〉论坛暨第十六届全国科普理论研讨会文集》,2009,第 233~237 页。

[3] 余维运:《韩国科普政策体系及其演变》,《才智》2010 年第 13 期,第 243 页。

[4] 王冬敏:《对民族地区科普政策的几点认识》,《科技管理研究》2011 年第 22 期,第 34~36、43 页。

[5] 裴世兰、汪丽丽、吴丹等:《我国科普政策的概况、问题和发展对策》,《科普研究》2012 年第 4 期,第 41~48 页。

[6] 曹乐艳:《我国科普政策问题研究》,长安大学硕士学位论文,2013,第 25~27 页。

[7] 刘娅、佟贺丰、赵璨等:《"十二五"期间我国政府部门和人民团体科普政策文本文》,《科普研究》2018 年第 1 期,第 15~24 页。

究。张义忠[①]对国家重大人才政策在科普人才建设中的适用展开了研究，认为财税金融政策、产学研合作政策等重大人才政策可适用于科普人才建设；孟凡刚[②]对中国科普人才培训的政策运行机制、服务机制和保障机制进行了研究；尹霖等[③]对中国 31 个省、自治区与直辖市各项科普政策及科普人才政策的发展状况及其类别展开了研究；邢钢等[④]对中美科普人才培养的政策与实践展开了对比研究；王丽慧等[⑤]对中国科普政策与科普人才的互动关系展开了研究；邢钢等[⑥]对中国科普政策与科普人才的耦合关系进行了研究。

科普人才政策作为科普政策最为关键的分支，以往研究的关注点较多地集中在培训、类别、实践效果以及与其他政策的关系等方面，都未涉及其历史发展和阶段演变的大框架，对政策阶段性行为网络的紧密性、合理性以及其内部构成要素之间的关联性和发展趋势也尚未有学者进行探讨，对于科普人才政策演变的研究尚存在空白。

基于此，本文对新中国成立 70 年来中国科普人才政策历史发展和演变特点进行了细致的梳理，对其历史发展进行了阶段划分，并借助计量及统计软件（BibExcel）、社会网络分析软件（UCINET），通过关键词的词频及相关社会网络特性对中国科普人才政策历史发展脉络及阶段演变特征进行量化分析以揭示其时代内涵，为今后科普人才政策的出台提供理论依据。

---

① 张义忠：《国家重大人才政策在科普人才队伍建设中的适用》，《第十三届中国科协年会第 21 分会场——科普人才培养与发展研讨会论文集》，2011，第 128~136 页。
② 孟凡刚：《科普人才队伍建设的部门协作问题分析》，《科协论坛》2011 年第 11 期，第35~37 页。
③ 尹霖、王丽慧：《国内科普政策及科普人才政策梳理》，载郑念、任嵘嵘主编《科普蓝皮书：中国科普人才发展报告（2016~2017）》，社会科学文献出版社，2017，第 52~67 页。
④ 邢钢、李益忆：《中美科普人才培养的政策与实践》，载郑念、任嵘嵘主编《科普蓝皮书：中国科普人才发展报告（2015）》，社会科学文献出版社，2016。
⑤ 王丽慧、尹霖、邢钢：《科普人才与政策关系分析及建议》，2018，http：//www.crsp.org.cn/xueshuzhuanti/yanjiudongtai/122251492017.html。
⑥ 邢钢、田原：《科普政策与科普人才的关系探究》，载郑念、任嵘嵘主编《科普蓝皮书：中国科普人才发展报告（2016~2017）》，第 68~93 页。

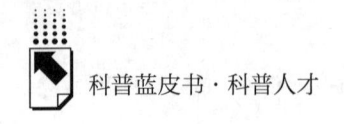

二 政策搜集与技术处理

（一）政策样本来源

通过网络查询科普人才政策、各类历史文献和相关的法律法规，发现在国家层面出台的最早的且明确针对科普人才建设和发展方面的政策文本是中共中央、国务院在1994年发布的《关于加强科学技术普及工作的若干意见》，因此，本文主要以1994年之后国家颁布发行的有关科普人才政策文本为研究样本。

科普人才作为公共服务体系和国家科普能力建设的重要组成部分，是科学技术普及工作的重要实施者与承担者。根据科普人才的定义，文章主要通过以下三个步骤对文本资料进行搜集。

第一步，通过"北大法宝"（https://www.pkulaw.com/law/）智能法律法规搜集网站，通过输入关键词"科普人才""科学技术普及人才""科学普及人才"等对政策文本进行初步采集。

第二步，通过国家政府部门网站（国务院、中国科协、科学技术部、教育部、中宣部等）对历年相关科普人才政策进行检索和搜集，并剔除重合文本进行查缺补漏。

第三步，因早期部分政策文本在相关部门的记录和整理存在缺失情况，本文最后对中文数据库（知网、维普、万方等）进行相关政策及报告的搜寻。

通过多方搜集，共取得国家层面科普人才政策文本145份。为保证文本的有效性，对所得政策文本进行逐一阅读，剔除如未涉及科普人才实质建设性文本，科普活动的倡导、组织方案以及对活动的表彰通告等无关文本，最终得到109份符合条件的政策文本。

（二）关键词抽取

对政策文本中有关科普人才的关键词进行整合、抽取。本文采用"以点带面"的研究方式，即通过对科普人才政策关键词的解读和分析来研究中国科普人才政策的演变特征。

由于现存的关键词提取软件提取的关键词存在相关性低、干扰性强的弊端，本文采用人工逐篇通读的方式对关键词进行提取和归纳。为保证关键词的代表性及提取过程的科学性，首先由课题组三位成员各自对所有政策文本进行提取和总结。其次对结果进行汇总，对无效关键词进行剔除，对相近关键词进行合并。最后结合相关学者的研究并根据专家的建议建立关键词库，以此为依据对文本进行关键词的抽取。

（三）数据处理

量化研究为质性研究提供数据支撑，使抽象的本质和内在问题得以具体化、可视化展现。[①]

首先，对109份政策文本的关键词通过BibExcel进行词频统计、生成共词矩阵，并通过Ochiia函数将所得到的共词矩阵转化为相关矩阵。

其次，运用社会网络分析（Social Net-work Analysis）方法，对所得到的共词矩阵通过UCINET软件和NetDraw软件进行点度中心性（有向）、中间中心性、接近中心性、集中指数等量化分析，并对分析结果进行解读。社会网络分析是对行为点的个体属性和整体属性进行精准量化分析的方法，可将网络的结构、关系及其属性可视化展现。[②][③] 将社会网络分析方法引入政策文本分析中，可实现对政策网络的紧密性、合理性及其内部各构成要素之间的关系进行量化及可视化分析。在社会网络"中心性"的描述中，中心度与中心势是两种重要的测量方法。[④] 中心度是指网络中某一节点位于核心

[①] 孔德意：《我国科普政策主体及其网络特性研究——基于511项国家层面科普政策文本的分析》，《科普研究》2018年第1期，第5~14、55、104页。

[②] Banks V. A., Plant K. L., Stanton N. A.. "Driving aviation forward: Contrasting driving automation and aviation automation," *Theoretical Issues in Ergonomics Science*1 (2019): 1-15.

[③] 孔德意：《我国科普政策研究》，东北大学博士学位论文，2016，第24~25页。

[④] Ma S., Herman G. L., West M., et al. "Studying STEM Faculty Communities of Practice through Social Network Analysis," *Journal of Higher Education* 1 (2019): 1-27.

地位的程度,度量的是节点与节点、节点与网络的紧密或重要关系;而中心势则是衡量所有节点所构成的整个网络的协整度或者一致性。① 社会网络的中心性分为点度中心性、中间中心性、接近中心性这三种,且每一种都有中心度和中心势两个指数来描述,本文以中心性为例做具体探讨。

三 我国科普人才政策阶段划分

新中国刚刚成立之时,百废待兴。因为社会经济基础薄弱、国际局势复杂等,科普人才乃至科普事业的发展都广受限制;改革开放以后,中国社会经济面貌焕然一新,科协组织得到全面恢复,科普事业发展逐步得到重视,但当时中央及国家部门的各项相关指示均以推动科普事业发展和进行经济建设为主,针对科普人才建设的具体化方针仍未出台,对于科普人才的具体措施更多的是在相关部门的职能要求中体现。②③ 直至1994年,明确针对科普人才发展的政策才得以填补空缺。

我国科普人才政策经过多年发展,如今已逐步成为我国进行科学普及和人才发展的特色体系,科普人才政策在不同历史时期具有不同的特征和重心,根据国家层面颁布的关键性政策文本及其指导意义,可将我国科普人才政策发展过程分为四个阶段,具体如图1所示。

(一)初步谋划阶段(1994~2001年)

1994年,中共中央、国务院发布了第一个科普人才指导性文件《关于加强科学技术普及工作的若干意见》,其中明确指出要采取积极有效的措施,稳定和建设一支精干的专业科普工作队伍。这是新中国成立以来,党中央和国务院共同发布的第一个全面论述科普工作的纲领性文件,也是我国有

---

① 陆雄文主编《管理学大辞典》,上海辞书出版社,2013,第73~75页。
② 郑念、任嵘嵘主编《科普蓝皮书:中国科普人才发展报告(2015)》,社会科学文献出版社,2016。
③ 佟贺丰:《建国以来我国科普政策分析》,《科普研究》2008年第4期,第22~26、52页。

```
                                              创新发展阶段
                                              2013年至今
                                  战略导向阶段
                                  2007年      2012年
                     快速发展阶段
                     2002年   2006年
        初步谋划阶段
        1994年      2001年
```

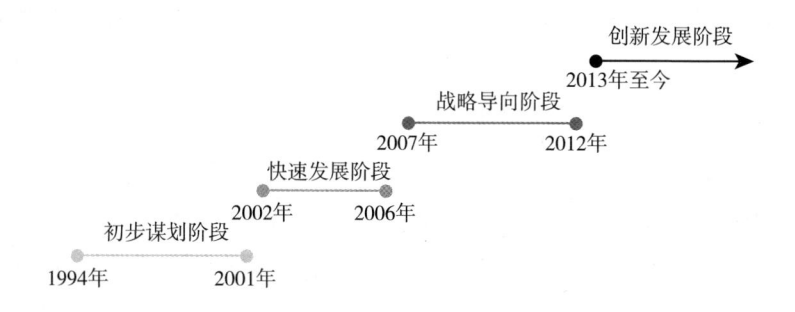

图1 中国科普人才政策发展过程

史以来第一个指导科普工作的官方文件。[①] 它标志着中国科普人才的发展进入以国家为主体的初步谋划阶段。

（二）快速发展阶段（2002~2006年）

2002年6月，全国人大常委会颁布《中华人民共和国科学技术普及法》[②]，将科普工作及科普人才培养事业与科教兴国战略、可持续发展战略等国家重大战略直接绑定，将科学技术普及和科普人才发展工作以国家立法形式确立下来，为科普人才事业发展奠定了坚实的法律基础，标志着我国科普事业发展进入一个法制化、规范化和制度化的新阶段，自此中国科普人才政策进入快速发展阶段。

（三）战略导向阶段（2007~2012年）

2007年，科技部、中宣部等八个部门联合发布《关于加强国家科普能力建设的若干意见》[③]，其中明确提出在新时期要加强国家科普能力建设；

[①] 孔德意：《我国科普政策研究》，东北大学博士学位论文，2016，第44~48页。
[②] 陈希：《充分发挥科普工作主要社会力量的作用 为提高全民科学素质做出新贡献——在〈中华人民共和国科学技术普及法〉颁布实施10周年座谈会上的讲话》，《科协论坛》2012年第8期，第2~3页。
[③] 文兴吾、何翼扬：《加强科技文化普及能力建设研究》，《中共四川省委省级机关党校学报》2012年第1期，第109~115页。

2008年，国家发展改革委、科技部等联合发布《科普基础设施发展规划》①，进一步强调科普人才队伍培养工程的重要性；2010年，中国科协发布《中国科协科普人才发展规划纲要（2010~2020年)》②，明确提出要大力推进"科普人才队伍建设工程"，并且首次提出了科普人才的类别，以及不同类别科普人才的发展目标与要求；2011年，科技部发布《国家"十二五"科学和技术发展规划》③，提出建立健全国家科学传播体系的评价机制与奖励制度。可见该时期中国各部门都将科普人才的发展和建设提升到长期规划的战略高度。此后，国家层面的科普人才政策发文量高速增加，中国科普人才政策发展进入战略导向阶段。

（四）创新发展阶段（2013年至今）

2013年，国务院出台《"十二五"国家自主创新能力建设规划》④，明确指出要大力支持科普人才创新创业、科普研发及科普产业等；2016年，国务院发布《全民科学素质行动计划纲要实施方案》⑤，指出要对科普人才建设实行动态监测和多元投入；2017年，科技部、中宣部发布《"十三五"国家科普和创新文化建设规划》⑥，进一步提出加强专业型人才的建设及建立评价考核机制；2018年，国务院发布《乡村振兴战略规划》⑦，提出要对

---

① 薛璐：《科技传播与公众科技素养之关系研究》，成都理工大学硕士学位论文，2014，第16~17页。
② 肖晓哲：《基于协同创新的广东科普人才培养与建设研究》，《科教导刊（上旬刊)》2017年第12期，第30~31页。
③ 官鸿：《国家科技体制改革新导向下的福建科技资源整合研究》，福建农林大学硕士学位论文，2014，第33~35页。
④ 路永婕、郑明军、王军：《虚拟样机技术在车辆工程专业教学中的应用研究》，《科技资讯》2015年第31期，第177~178页。
⑤ 王秋明：《围绕中心 精诚协作 全面推进〈全民科学素质行动计划纲要〉实施》，《科协论坛》2014年第1期，第35~37页。
⑥ 冯羽、顾庆生、赵家龙、朱海菲：《基于"波特钻石理论模型"探究科普场馆产业竞争力影响要素——以上海地区不同类型科普场馆为样本》，《科普研究》2018年第6期，第19~30、48、109页。
⑦ 《中共中央国务院印发〈乡村振兴战略规划（2018~2022年)〉》，《人民日报》2018年9月27日。

科普人才实施职称改革制度，提升科普人才服务能力。可知，该阶段不仅加强了科普人才队伍的发展建设，更从科普创新、人才服务、职称改革等方面提出了严格要求，中国科普人才政策在该时期进入创新发展阶段。

四 科普人才政策阶段性概况

（一）政策发文量及关键词量

政策发文量是指在某一阶段国家发布的科普人才政策文本总量；关键词量是指从某一阶段政策文本中所能抽取出来的不同含义的关键词的总量（非词频）。通过BibExcel统计软件分别将我国科普人才政策四个发展阶段的政策发文量及关键词量进行汇总，结果如图2所示。

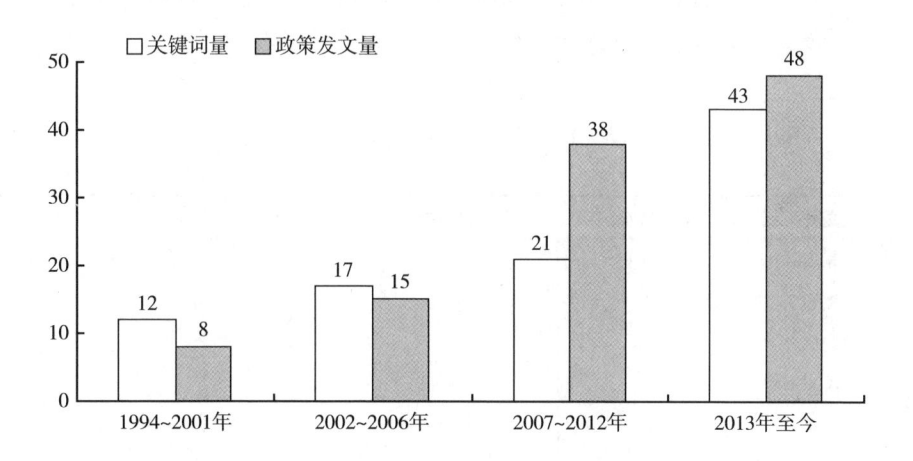

图2 各阶段的政策发文量及关键词量

由图2可知，我国科普人才政策在发文量及关键词量方面表现出随着政策阶段的演进而不断增加的发展趋势。其中，政策发文量在第三阶段即战略导向阶段增长极其明显，该阶段国家将科普人才的发展和建设提升到长期规划的战略高度，针对科普人才的长期稳定发展出台了系列中长期规划及纲要，同时相关部门配套的工作要点、执行方案、改革意见等政策文本也随之增长；关键词量在前三个时段增长较为平稳，在第四阶段即创新发展阶段出现了大幅度的增加,这一方面受科普人才政策发文量在第四阶段有显著增长的影响,另一方面也说明在该阶段科普人才政策更好地实现了创新发展,融入了新的政策举措和发展要求。

(二)政策发文文种概况

科普人才政策文种类型主要有通知、意见、要点、规划、方案等10种。[①] 发文种类不同,政策执行的效果也不同。通常来说,规划类文件的指导性和战略性较强,涉及科普人才事业发展和体系的建设,意在总体把控和大局谋划,一般执行时间为中长期;通知文件的政策性较强,但指导性和可操作性较弱,一般用来公布科普人才建设应遵守或应知晓的事项;要点、意见、办法及方案等类政策则更加细化、具体化,能够对科普人才在发展建设过程中出现的某一类问题或某一方面特征进行详尽的指导和控制,针对性较强。科普人才政策四个历史阶段具体文本种类情况如表1所示。

表1 科普人才政策阶段性文种情况

单位:个

文种	1994~2001年	2002~2006年	2007~2012年	2013年至今
要点	4	1	9	15
规划	1	1	7	10
意见	1	3	5	10
通知	1	2	7	4
方案	0	0	7	5
纲要	1	4	2	0
计划	0	3	0	1
办法	0	0	1	2
社会法	0	1	0	0
函	0	0	0	1

---

① 张春梅:《公文文种函的偏误分析及纠偏策略研究》,暨南大学硕士学位论文,2017,第29~34页。

由表1可知，科普人才政策发文文种随着阶段的演进其种类及数量不断增长，尤其是要点、规划、意见三类文本，在各个历史发展阶段都有所涉及且发文量总体呈不断上升趋势；2013年至今，发文文种以要点、规划、意见三类政策文本为主体且呈现集中化的趋势，函类、社会法、纲要类、计划类和办法类政策文本总体发布较少。从阶段来看，1994~2001年，要点类政策文本数量最多；2002~2006年，纲要类政策文本数量最多；2007~2012年，要点、通知、规划及方案类政策文本数量较多；2013年至今，要点、规划和意见类政策文本数量较多。

从我国科普人才政策文本阶段性特点可知，政府部门从长期出发，从宏观层面制定科普人才的发展规划，这为我国科普人才的长期建设和稳定发展奠定了坚实的制度基础和保障。对于科普人才的建设，各级政府主要从政策落地实施方面着手，制定比较细致的具体操作要点和指导方针，能够切实保证科普人才政策的细化落实，机动性和时效性较强。

（三）政策发文效力级别概况

发文效力级别是指政策能够有效实施强制性和约束力的一定适用范围，包括法律、党内法规、团体规定、部门工作文件等。[①] 部门工作文件是指由国家最高行政机关（国务院）所属的各部门发布的在特定时期为达到其部门职责领域所要求目标而制定的规划、计划、方案和工作要点等具体事务或者行动安排。团体规定意为特定群体所具有的公约、规章、准则等可以有效参照并执行的工作和计划标准。部门规范性文件是指由国家最高行政机关（国务院）所属的各部门、各级机关、团体、组织、委员会等在自己的职权范围内发布的调整部门管理事项的规范性文件，其内容具有约束和规范人们行为的性质。我国科普人才阶段性政策文本效力级别情况如表2所示。

---

① Hoefer R., "Altering State Policy: Interest Group Effectiveness among State-Level Advocacy Groups," *Social Work*, 3 (2005): 219-227.

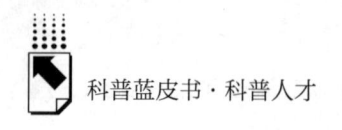

表2　科普人才政策文本效力级别情况

单位：个

政策文本	1994~2001年	2002~2006年	2007~2012年	2013年至今
部门工作文件	2	9	19	13
团体规定	4	1	11	15
党内法规	2	1	4	1
法律	0	1	0	0
国务院规范性文件	0	1	0	4
行业规定	0	2	0	0
部门规范性文件	0	0	4	15

由表2可知，随着科普人才政策发展阶段的演进，政策发文效力级别向部门工作文件、团体规定和部门规范性文件方向不断集中。从阶段性来看，1994~2001年，团体规定类政策文本最多；2002~2006年，部门工作文件类政策文本最多；2007~2012年，部门工作文件类和团体规定类政策文本较多；2013年至今，团体规定、部门规范性文件和部门工作文件较多。这表明我国科普人才政策发文随着阶段的演进逐步走向规范化、制度化和体系化，发文主体和职责逐渐清晰、细化。一方面，政府各部门通过制定各项管理办法、指导性条例等规范性文件对各行业和各领域科研创新团队的发展进行规范化管控，以保证科普人才的建设有切实的制度保障和条文依据，从法律制度层面给予长期稳定性指导和支撑；另一方面，通过制定部门工作文件和团体规定，确立部门工作要点，对部门具体行动或活动进行指导和监督，有力地保证了相关措施的顺利施行，提高了政策、计划的执行效率和质量水平。

五　科普人才政策演进的阶段性政策关键词社会网络分析

为更加深入地了解各阶段我国科普人才政策的结构、行为关联、网络特质及发展趋势，运用NetDraw分析软件对各阶段进行网络图谱绘制，并运用UCINET社会分析软件对各阶段进行多种中心性等量化分析。

（一）初步谋划阶段（1994～2001年）

1. 关键词网络图谱构建

1994～2001年是我国科普人才政策的初步谋划阶段，在此阶段可搜集到的国家层面的科普人才政策共计8份，关键词词频及网络图谱分别如表3和图3所示。

表3　1994～2001年科普人才政策关键词

关键词	词频	关键词	词频
激励表彰	4	基层科普	2
队伍建设	4	高水平	2
志愿者	3	专业人才	1
专业队伍	2	经费投入	1
专兼结合	2	知识产权	1
科普创作	2	引导刺激	1

由表3可见，1994～2001年科普人才政策关键词词频最高的是激励表彰和队伍建设，志愿者次之，专业人才、经费投入、知识产权及引导刺激相对较少。可见，这一阶段我国科普人才建设正处于萌发期，各项政策、措施等处于初步探索发展阶段。科普政策主要通过对科普人才的激励表彰手段来吸引科普从业人员和建设科普人才队伍，包括专业队伍、志愿者等。该时期相关部门的政策导向是以加大科普人才队伍建设为主，通过激励表彰的手段进一步激发科普人才的工作热情和无私奉献精神，同时也反映出在我国科普事业刚起步阶段社会对科普人才数量有较高需求。

为直观地揭示各关键词间的关系，本节运用社会网络分析方法绘制我国科普政策关键词网络图谱（见图3）。其中，网络图谱中的节点表示科普人才的关键词，节点之间的线段表示关键词之间存在的联系，线段的起点表示信息的发出者，箭头方向表示信息的接收者。[1]

---

[1] 张洋、赵镇宁：《共现科学知识图谱构建技术与工具研究》，《图书情报知识》2019年第1期，第119～129页。

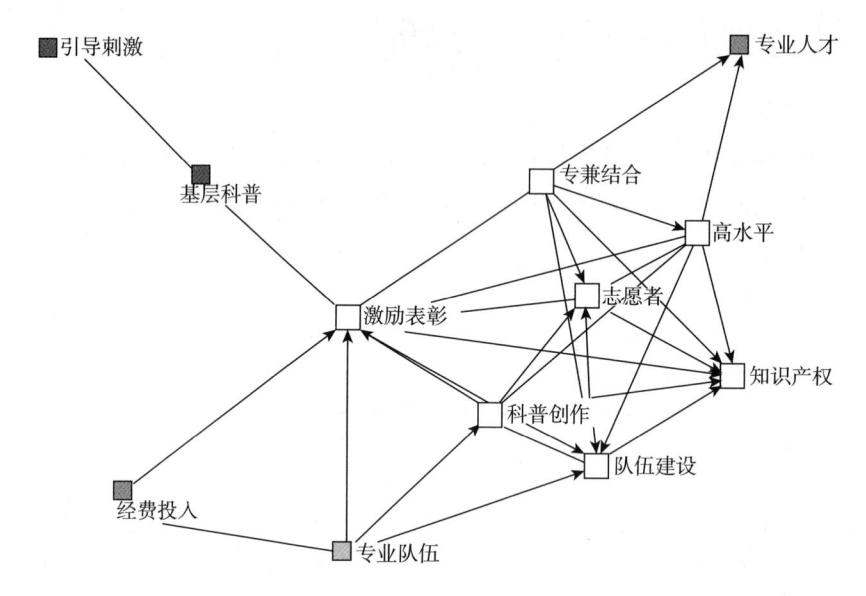

图3 1994～2001年科普人才政策关键词网络图谱

由图3可以看出，在1994～2001年这一阶段，我国科普人才政策关键词网络图谱呈现"风筝形"的分布形态，关键词之间联系比较松散，集中性不突出。这一时期的科普人才政策主要围绕队伍建设展开，科普事业属于刚刚起步阶段，人民群众对知识文化和科学技术需求的激增与科普人才、科普作品数量少的矛盾是这一时期的主要科普矛盾。为此，在该时期国家实际上大力倡导科普人才队伍建设，通过激励表彰、经费投入等手段引导和刺激科普人才发展与科普作品创作，在建设专职和兼职相结合的科普队伍的同时也着重发展一批高水平科普人才和专业科普人才。

2. 关键词中心性分析

为进一步探寻科普人才政策初步谋划阶段的发展特征和内在性质，利用UCINET社会分析软件对该阶段的关键词进行点度中心性、中间中心性和接近中心性分析，具体分析结果如下。

（1）点度中心性分析

由表4可见，1994～2001年科普人才政策关键词中的高水平、专兼结合、科普创作、队伍建设以及专业队伍的点出度较高。说明在科普人才的初步谋划时期，高水平、专兼结合、科普创作等科普人才措施具有较大的权威性，这些措施的实施会带动和波及其他措施的参与和共建，对其他方面的科普人才建设措施有较强的影响力及信息输出能力。从点入度来看，激励表彰、知识产权、队伍建设、志愿者和科普创作的点入度较高，说明激励表彰、知识产权等措施在整个科普人才建设体系中非常重要，参与度较高，作为一种中介点占据较大的信息和资源。

表4　1994~2001年科普人才政策关键词点度中心性

编号	关键词	点出度	点入度	标准点出度	标准点入度
2	高水平	7.000	1.000	63.636	9.091
10	专兼结合	6.000	2.000	54.545	18.182
6	科普创作	5.000	3.000	45.455	27.273
1	队伍建设	4.000	5.000	36.364	45.455
11	专业队伍	4.000	0.000	36.364	0.000
9	志愿者	3.000	4.000	27.273	36.364
4	激励表彰	2.000	7.000	18.182	63.636
5	经费投入	1.000	1.000	9.091	9.091
3	基层科普	1.000	1.000	9.091	9.091
7	引导刺激	0.000	1.000	0.000	9.091
8	知识产权	0.000	6.000	0.000	54.545
12	专业人才	0.000	2.000	0.000	18.182
网络集中性(点出度)				42.149	
网络集中性(点入度)				42.149	

注：①由于表格数据过多，本文对点度中心性、中间中心性和接近中心性仅截取关键部分数据进行阐释，其他省略。下同。
②表格中各关键词的编号系"UCINET 6.186"版本软件对导入的关键词自动生成的逐个对应的编码，而非序号。下同。

总体来看，队伍建设点入度和点出度的相对重要性在所有科普人才政策关键词中都较高，说明在1994~2001年科普人才发展的重心是人才队伍的建设。然而该时段点入度和点出度的网络集中性都是42.149，数值较低，说明其网络集聚性一般，集中趋势不明显。

（2）中间中心性分析

由表5可知，1994~2001年科普人才政策关键词中中间中心度最高的为激励表彰，其次是科普创作、专兼结合、基层科普、队伍建设等。数据表明，在科普人才建设初期，激励表彰对其他科普政策行为具有较强的控制性和依赖性，作为政策执行的手段，其对信息及资源具有较强的整合能力。该阶段国家通过激励表彰科普人才，调动科普人才的积极性，刺激科普人才进行科普创作，而专兼结合、基层科普等作为辅助政策措施，在一定程度上缓解了科普人才激增的需求。在该时期国家对于科普人才工作的核心要点是做好对突出科普工作者的激励和表彰，借此鼓励、支持和引导科普工作者投身于科学普及事业的发展。

表5　1994~2001年科普人才政策关键词中间中心性

编号	关键词	中间中心度	标准中间中心度
4	激励表彰	15.333	13.939
6	科普创作	9.833	8.939
10	专兼结合	8.000	7.273
3	基层科普	8.000	7.273
1	队伍建设	5.333	4.848
2	高水平	0.500	0.455
5	经费投入	0.000	0.000
……	……	……	……
非标准化集中性		137.000	
网络集中指数		11.320	

同时，表5中科普人才政策的网络集中指数为11.320，数值较低。说明该阶段科普人才政策网络节点之间的中介点较少，大部分节点之间直接联系较多，网络极为松散且各项措施的关联性较差。该时期，科普人才发展的实践不足，经验较少，国家对于科普事业与科普人才之间的联系尚未厘清，而且公众对科普事业的重视程度也不尽相同。这就导致颁布的各项关于促进科普工作和科普人才发展的政策存在体系不完善、机制不健全、层次较

为浅显且无长远系统规划的状况，基本上是针对具体问题一事一议，这在短期内会有很高的效率，但是从长期来看，各项政策的协同效应无法发挥，对我国科普工作及科普人才事业发展的促进效用不明显。

（3）接近中心性分析

由表6可知，1994~2001年科普人才政策关键词接近中心性总体差异较小，其中内向接近度较低的是专业队伍和经费投入，外向接近度较低的是知识产权、引导刺激和基层科普。结合该时期网络图谱可知，内向接近度与外向接近度较低的关键词都分布于政策网络的边缘地带，与主体政策联系较少，这说明在该时期，科普人才政策网络图谱各行为点之间整体关联性不强，各节点通过网络能够影响其他政策的可能性较弱。

表6　1994~2001年科普人才政策关键词接近中心性

编号	关键词	内向疏远度	外向疏远度	内向接近度	外向接近度
8	知识产权	46.000	132.000	23.913	8.333
7	引导刺激	48.000	132.000	22.917	8.333
3	基层科普	51.000	121.000	21.569	9.091
4	激励表彰	55.000	100.000	20.000	11.000
1	队伍建设	77.000	41.000	14.286	26.829
10	专兼结合	81.000	37.000	13.580	29.730
2	高水平	85.000	36.000	12.941	30.556
5	经费投入	121.000	92.000	9.091	11.957
11	专业队伍	132.000	21.000	8.333	52.381
	均值	77.250	77.250	15.793	20.828
	标准差	25.846	42.839	4.923	13.121

（二）快速发展阶段（2002~2006年）

1. 政策关键词网络图谱构建

2002年6月，全国人大常委会颁布《中华人民共和国科学技术普及法》，正式将科学技术普及和科普人才发展工作以国家立法的形式确立下来,此后,我国科普人才事业进入快速发展阶段。2002~2006年可搜集到的国家层面的科普人才政策共计15份,该阶段关键词词频及网络图谱分别如表7和图4所示。

表7 2002~2006年科普人才政策关键词

关键词	词频	关键词	词频	关键词	词频
专业人才	7	培训教育	3	拓宽渠道	1
激励机制	6	能力素质	3	科普创作	1
队伍建设	6	产研结合	2	基地建设	1
志愿者	5	院校教育	1	高层次	1
经费投入	4	多层次	1	基层科普	1
考核评价	3	专群结合	1		

由表7可知,该时期科普人才政策关键词增多,政策行为得到较大的丰富。关键词词频最高的是专业人才,其次为激励机制和队伍建设,院校教育、科普创作等最少。这表明该阶段科普人才政策侧重点仍是以加快科普人才队伍建设为主,人才类别得以细分,科普专业人才发展得到重视,同时经费投入、考核评价、培训教育等人才培育手段受到国家关注。

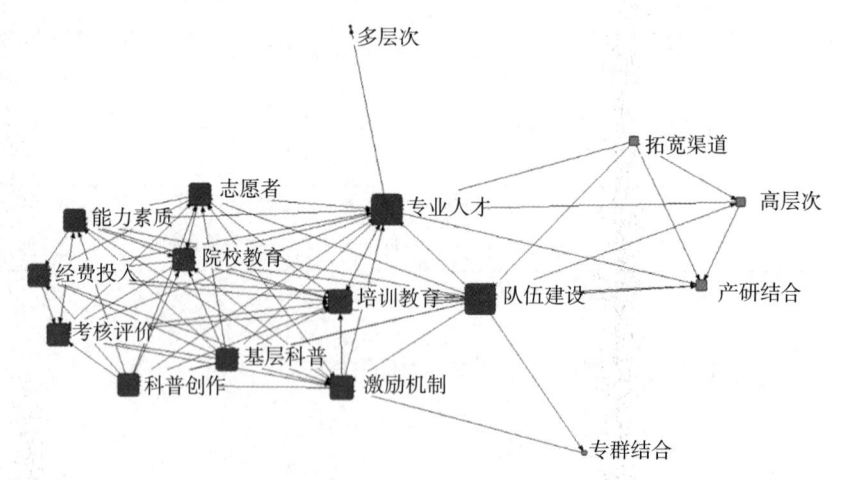

图4 2002~2006年科普人才政策关键词K核网络图谱

由图 4 可见，该时期政策关键词网络图谱呈现"左密右疏"的分布形态，网络图谱左侧中心化趋势及网络密集度远高于网络图谱右侧。较之上阶段，该阶段的网络节点明显增多，主体部分围绕队伍建设、专业人才等政策行为网络密度变大。虽然网络集中趋势有所增强，但依旧不明显，并且伴有次中心分化现象。由分析可知，该时期对专业人才的队伍建设处于科普人才发展的核心指导地位，但该阶段科普人才政策在迅速发展的同时也存在各政策联系不紧密、协调不严谨等问题。

2. 关键词中心性分析

为进一步探寻科普人才政策在其迅速发展阶段的特征和内在关联，利用 UCINET 社会分析软件对该阶段的关键词进行点度中心性、中间中心性和接近中心性分析，具体分析结果如下。

（1）点度中心性分析

由表 8 可见，2002～2006 年科普人才政策关键词点出度最高的是队伍建设，其次则为基层科普、激励机制、志愿者和科普创作等。可见在这一阶段，科普人才的队伍建设、激励机制等能够主导并带动较多其他人才发展措施的施行，具有较大的权威性，对其他方面的科普人才建设措施有较强的影响力及信息和资源输出能力。在该阶段政策节点增加的情况下队伍建设的点出度由 1994～2001 年的并列第四位上升到第一位，可见在科普人才建设事业中，队伍建设不断受到国家和政府的重视且逐渐成为科普人才发展的工作重心。

表 8 2002～2006 年科普人才政策关键词点度中心性

编号	关键词	点出度	点入度	标准点出度	标准点入度
2	队伍建设	13.000	1.000	86.667	6.667
5	基层科普	9.000	1.000	60.000	6.667
6	激励机制	8.000	6.000	53.333	40.000
9	科普创作	7.000	3.000	46.667	20.000
14	志愿者	7.000	5.000	46.667	33.333
10	能力素质	6.000	6.000	40.000	40.000
16	专业人才	5.000	10.000	33.333	66.667

续表

编号	关键词	点出度	点入度	标准点出度	标准点入度
11	培训教育	4.000	10.000	26.667	66.667
12	拓宽渠道	4.000	0.000	26.667	0.000
7	经费投入	3.000	9.000	20.000	60.000
13	院校教育	3.000	7.000	20.000	46.667
8	考核评价	3.000	10.000	20.000	66.667
4	高层次	2.000	2.000	13.333	13.333
15	专群结合	1.000	1.000	6.667	6.667
1	产研结合	1.000	4.000	6.667	26.667
3	多层次	0.000	1.000	0.000	6.667
	网络集中性(点出度)			58.667	
	网络集中性(点入度)			37.333	

从点入度来看，点入度最高的科普人才政策关键词分别是专业人才、培训教育以及考核评价，这三者点入度值相等，其次则为经费投入、院校教育等。说明在该时期，科普人才队伍建设、基层科普、志愿者等较多地涉及经费投入、培训教育和考核评价等措施的参与和实施，借助资金支持、多渠道培训和对科普人才的考核评价等措施来支持和引导科普人才的开发和使用，为科普人才和科普队伍的发展壮大提供适宜的环境与条件，从实际中来看，该结论也较为符合实际情况。

总体来看，队伍建设、专业人才、培训教育、激励机制是综合点度中心性最高的关键政策行为。与科普人才政策的初步谋划阶段不同的是，该时期衍生了新的人才发展措施，如高层次、考核评价、培训教育、专群结合、能力素质等，说明我国科普人才政策体系在不断发展和完善的同时，更加注重科普人才的结构性、全面性和可持续性发展。该阶段点出度网络集中性（点出度）为58.667，网络集中性（点入度）为37.333，网络集中性（点出度）较上阶段有大幅度增长，而网络集中性（点入度）较上阶段则有小幅度下降。说明该阶段点出度网络集聚趋势加强，网络中心有所突出，但点入度网络集聚趋势下降。这说明科普人才导向性政策性行为的影响力和资源把控程度在不断增加，而手段性、过程性政策行为的影响力有所下降,即对进行科普人才队伍建设,实现科普创作、基层科普等科普目标所必需和依赖的措施手段如人才培养、培训教育、考核评价等政策行为的影响力在该阶段有所下降。

(2) 中间中心性分析

由表9可见,2002~2006年这一阶段科普人才政策关键词中间中心度最高的是专业人才,其次依次为激励机制、培训教育、考核评价等,这说明在该时期发展专业科普人才这一政策措施对科普人才发展其他各方面措施的施行尤其是科普队伍的建设有着关键的控制性、依赖性地位,培养专业科普人才,提升科普队伍的科普能力与素质水平,是该时期科普人才政策发展的重点。同时,培训教育、激励机制和考核评价等措施也作为一种重要中介点连接着科普人才队伍和科普资源之间的转化与协调,促进科普人才的发展与完善。说明该时期在科普工作地位得到确立之后,我国科普事业得以迅速发展,科普人才原来被束缚的潜力得到释放。

表9 2002~2006年科普人才政策关键词中间中心性

编号	关键词	中间中心度	标准中间中心度
16	专业人才	32.667	15.556
6	激励机制	22.500	10.714
11	培训教育	14.667	6.984
8	考核评价	11.833	5.635
7	经费投入	10.667	5.079
2	队伍建设	8.333	3.968
10	能力素质	3.000	1.429
14	志愿者	3.000	1.429
1	产研结合	1.333	0.635
5	基层科普	0.000	0.000
非标准化集中度		414.667	
网络集中指数		13.160	

该阶段中间中心度最高的科普人才关键词由上一阶段的激励表彰变为专业人才,中介政策由被动表彰变为主动对人才的培育和引导,且中心度大幅

增加，这是该时期科普人才政策的一大进步。这种变动更加有利于充分调动各方面资金和资源去发展和扩充科普人才队伍，提升科普人才的能力和知识文化水平。同时，该阶段网络集中指数为13.160，较之1994~2001年有一定程度的增加，但幅度较小，说明该阶段科普人才政策网络依旧较为松散，各项措施的行动依旧相对独立，科普人才网络政策体系依旧有待进一步加强和完善。

（3）接近中心性分析

由表10可见，2002~2006年科普人才政策关键词接近中心性中，内向接近度较高的为多层次、考核评价、培训教育、专业人才、经费投入等；最低的为拓宽渠道。该阶段内向接近度平均值较上阶段有大幅度增加，外向接近度平均值较上阶段有轻微缩减。结合2002~2006年科普人才政策网络图谱可知，多层次、专群结合、产研结合、高层次、拓宽渠道等处于网络边缘区域，且产研结合、高层次、拓宽渠道三个政策节点有形成次中心网络的趋势。内向接近度高的考核评价、培训教育、专业人才、经费投入等因其相似于网络中心区域，与网络中其他节点联系紧密，故其内向接近度较高；而专群结合、产研结合、高层次、拓宽渠道等接近度较低的原因是其处于网络边缘，与其他网络节点联系极少。由此可见，专业人才、队伍建设、培训教育等是该时期核心政策影响者，受制于网络其他节点政策的可能性较低而对其他网络政策能够起到较大的影响和控制作用，对整个政策网络体系而言非常重要，其实际发挥的作用可波及整个网络。同时该阶段对于绝大部分政策行为节点而言，其离网络中心的距离较之上阶段有所扩大，网络中心集聚依旧不显著。

表10 2002~2006年科普人才政策关键词接近中心性

编号	关键词	内向疏远度	外向疏远度	内向接近度	外向接近度
3	多层次	33	240	45.455	6.250
8	考核评价	34	100	44.118	15.000
11	培训教育	34	97	44.118	15.464
16	专业人才	34	96	44.118	15.625

续表

编号	关键词	内向疏远度	外向疏远度	内向接近度	外向接近度
7	经费投入	35	99	42.857	15.152
4	高层次	210	90	7.143	16.667
5	基层科普	211	77	7.109	19.481
15	专群结合	211	87	7.109	17.241
2	队伍建设	225	31	6.667	48.387
12	拓宽渠道	240	26	6.250	57.692
	均值	94.875	94.875	29.469	20.067
	标准差	84.300	43.638	15.705	12.839

（三）战略导向阶段（2007~2012年）

1. 政策关键词网络图谱构建

2007~2012年是科普人才政策发展的战略导向阶段，该阶段科普人才政策的执行时限与规划视角相对于前两个阶段而言有明显的改变。科普人才政策进入以长期规划、宏观导向发展为主的战略导向发展阶段，该阶段收集有效政策文本38件，关键词词频及其网络图谱如表11和图5所示。

表11　2007~2012年科普人才政策关键词

关键词	词频	关键词	词频	关键词	词频
队伍建设	21	基层科普	5	经费投入	3
专业人才	18	区域人才	4	考核评价	3
能力素质	13	科普创作	4	结构优化	2
激励机制	10	专兼结合	3	产研结合	1
志愿者	9	院校培育	3	环境氛围	1
培训教育	7	区域科普	3	体系建设	1
高层次	6	成果转化	3	基础科普	1

由表11可知，2007~2012年我国科普人才政策关键词词频最高的是队伍建设，其次依次为专业人才、能力素质、激励机制、志愿者等。可见在这一阶段，我国科普人才发展事业依旧以壮大科普人才队伍为主，通过一系列

激励表彰、财政支持等手段激发科普人才投身科普事业的积极性。同时提出了对人才质量和专业化人才的要求，对于科学文化环境建设以及开拓人才培养渠道方面也逐步重视。

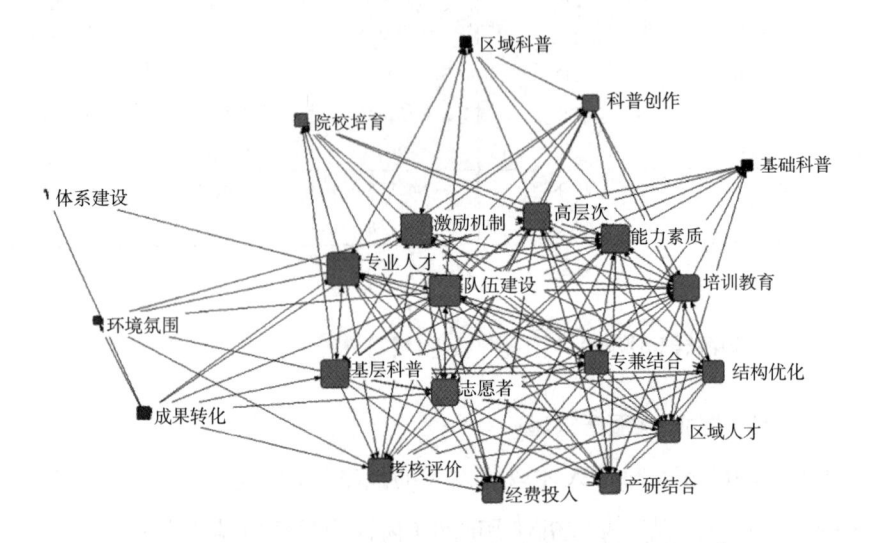

图 5　2007~2012 年科普人才政策关键词 K 核网络图谱

从图 5 可见，该阶段政策关键词网络图谱呈现主体均匀凝聚、边缘明显分化的分布特征。较之上阶段，该时期总体政策节点有所增加，各节点之间联系紧密度上升，边缘政策节点增多。该时期中国科普人才政策关键词网络中心化趋势有所加强，以队伍建设、专业人才、能力素质和激励机制为主体的核心政策关键词网络初步生成；上阶段提出的产研结合等网络次中心在该阶段已经融入主体网络，体系建设、环境氛围、区域科普等新生边缘政策行为逐步生成，科普人才政策关键词网络得以不断丰富和完善。但网络边缘节点距离主体网络仍存在一定的距离，这表示新生科普人才政策行为未能融入科普人才政策体系，科普人才体系的建设需进一步协调其他政策措施予以配合。

2. 关键词中心性分析

利用 UCINET 社会分析软件，对 2007~2012 年科普人才政策发展的战略导向阶段进行中心性分析，得到其点度中心性、中间中心性和接近中心性结果。

(1) 点度中心性分析

由表12可以看出，点出度最高的是队伍建设，最低的是经费投入和环境氛围。对比快速发展阶段可知，队伍建设依旧是科普人才建设的主体和核心，是衍生其他政策措施的关键，对其他方面的政策措施具有较强的影响力。与上两个发展阶段不同的是该阶段专业人才、高层次和能力素质的点出度大幅度提升，这说明在该阶段，国家加大了对高层次专业人才的重视和培育，为科普人才队伍建设提供了强大的动力，这和2012年教育部与中国科协联合开展培养高层次科普专门人才试点工作相吻合。同时，该阶段的院校培育、产研结合、环境氛围等点出度较低，对其他政策措施的影响力和控制力较弱。从点入度来看，关键词点入度最高的是激励机制，其次是培训教育和经费投入，这说明在该时期，激励机制措施积极参与了科普人才的队伍建设，对其他政策措施的实施起到较大的支撑和连接作用。

该阶段的网络集中性（点出度）为57.750，网络集中性（点入度）为36.750，两者均较上阶段有小幅度下降，表明该阶段整体网络集聚趋势下降，意味着该阶段网络的凝聚力与各政策关键词之间的联系随着政策行为点的增加而呈现减小的趋势。

表12 2007~2012年科普人才政策关键词点度中心性

编号	关键词	点出度	点入度	标准点出度	标准点入度
3	队伍建设	19	5	95	25
21	专业人才	16	11	80	55
4	高层次	15	7	75	35
13	能力素质	14	11	70	55
……	……	……	……	……	……
8	激励机制	11	15	55	75
14	培训教育	8	13	40	65
……	……	……	……	……	……
1	产研结合	1	12	5	60
18	院校培育	1	7	5	35
5	环境氛围	0	6	0	30
10	经费投入	0	13	0	65
网络集中性(点出度)				57.750	
网络集中性(点入度)				36.750	

(2) 中间中心性分析

由表13可以看出,2007~2012年这一阶段科普人才政策关键词的中间中心度最高的是激励机制,其次依次为专业人才、队伍建设、能力素质、培训教育、志愿者等。2007~2012年科普人才政策中间中心度最高的政策行为由上阶段的专业人才变为本阶段的激励机制,且中心度增加1倍,说明该阶段激励机制作为一种承上启下的关键性转化政策行为发挥着重要的媒介作用。与第一阶段的最高中间中心度激励表彰不同,激励机制更加全面、系统和完善地对科普人才的发展发挥效用,国家通过一系列激励措施能够吸引和刺激科普人才从事科普工作,引导科普人才进行科普创新创作,促进科普作品及成果转化,将物质资源通过激励机制转化为科普动力,在为科普人才提供物质激励的同时能够更加充分地引导其对社会科普事业做出贡献。科普事业的发展离不开科普队伍的建设,由表13可知,专业人才、队伍建设、能力素质、培训教育、志愿者等都是围绕科普人才队伍及其科普能力和水平提升的关键政策行为。

该阶段网络集中指数为15.460,较之上阶段有一定幅度的增长,说明该阶段科普人才中介转化性政策行为及其网络集聚性得以强化。2007年科学技术部等三部门联合发布《关于加强国家科普能力建设的若干意见》,明确了科普能力中包含着科普人才,到《国家中长期人才发展规划纲要(2010~2020年)》中明确细分了科普人才类别,高层次科普人才培养落到实处,中国科普人才的政策正在向体系化的方向发展。

表13 2007~2012年科普人才政策关键词中间中心性

编号	关键词	中间中心度	标准中间中心度
8	激励机制	65.848	17.328
21	专业人才	43.311	11.398
3	队伍建设	19.575	5.151
13	能力素质	16.010	4.213
14	培训教育	13.917	3.662

续表

编号	关键词	中间中心度	标准中间中心度
19	志愿者	12.450	3.276
……	……	……	……
2	成果转化	0.591	0.156
7	基础科普	0.000	0.000
……	……	……	……
网络集中指数		15.460	
非标准化集中度		1174.800	

（3）接近中心性分析

由表 14 可知，该阶段关键词接近中心性与上阶段相比发生较大变化。外向接近度较低的关键词由上阶段的多层次、考核评价、经费投入、培训教育、专业人才等变为本阶段的经费投入、环境氛围、产研结合等，内向接近度最低的由上阶段的拓宽渠道、队伍建设、专群结合、基层科普、高层次等变为本阶段的成果转化、队伍建设、专兼结合和结构优化等。其中队伍建设在上阶段与本阶段内向接近度都较低且排位不变。这说明在该阶段，经费投入、产研结合、环境氛围和激励机制呈现向网络中心区域发展的趋势，其对整个网络的其他节点的影响能力正在加强，而本阶段内向接近度较低的成果转化、队伍建设、专美结合和结构优化对整个网络的影响力较之上阶段也在增加。即在该阶段经费投入这一政策措施最为不受其他政策措施影响和控制，产研结合、环境氛围和激励机制等较为不受其他政策措施影响，其外向接近度在所有科普人才政策行为中最低说明经费投入等在该阶段科普人才政策体系中可较多的影响其他政策措施的发生和变化，科普人才专项经费的投入是科普人才提升自身科普能力素养、开展科普活动、发展科普事业的物质基础。从接近中心度的外向接近度来看，该阶段外向接近度均值比上阶段增加 1 倍有余，内向接近度有小幅度下降，说明该时期政策行为网络整体有所扩大，中心集聚性趋势不明显，边缘性趋势显著。

表 14 2007~2012 年科普人才政策关键词接近中心性

编号	关键词	内向疏远度	外向疏远度	内向接近度	外向接近度
10	经费投入	65.000	420.000	30.769	4.762
1	产研结合	85.000	400.000	23.529	5.000
5	环境氛围	91.000	420.000	21.978	4.762
8	激励机制	101.000	31.000	19.802	64.516
……	……	……	……	……	……
21	专业人才	107.000	24.000	18.692	83.333
4	高层次	109.000	26.000	18.349	76.923
……	……	……	……	……	……
9	结构优化	111.000	27.000	18.018	74.074
20	专兼结合	112.000	27.000	17.857	74.074
3	队伍建设	114.000	21.000	17.544	95.238
2	成果转化	128.000	33.000	15.625	60.606
	均值	105.143	105.143	19.360	53.818
	标准差	12.182	150.513	2.987	26.978

（四）创新发展阶段（2013年至今）

1. 政策关键词网络图谱构建

2013年至今是科普人才政策的创新发展阶段，该阶段出现了较多的具有创新性的科普人才政策关键词，如科普产业、平台建设、信息化、整合资源、舆论宣传、"一带一路"等，科普人才政策体系进一步丰富和完善，该阶段共收集科普人才政策文本48份，其关键词及其网络图谱如表15和图6所示。

表 15 2013 年至今科普人才政策关键词

关键词	词频	关键词	词频	关键词	词频	关键词	词频
队伍建设	38	科普产业	10	知识更新	4	职称改革	1
专业人才	27	继续教育	10	专家库	4	创作人才	1
志愿者	26	专兼结合	9	结构优化	4	制度保障	1
培训教育	24	平台建设	9	舆论宣传	3	共建共享	1
能力素质	23	科普服务	8	税收支持	2	人才计划	1

续表

关键词	词频	关键词	词频	关键词	词频	关键词	词频
考核评价	21	创新创业	7	项目资助	2	拓宽渠道	1
激励机制	21	院校培育	6	"一带一路"	2	国际合作	1
高层次	21	信息化	6	领军人才	2	基层科普	1
基地建设	12	科普能力	5	顶尖选拔	2	基础研究	1
经费投入	12	整合资源	5	成果转化	2	市场机制	1
科普创作	12	区域人才	5	产研结合	1		

由表15可见，2013年至今，科普人才政策关键词词频最高的是队伍建设，其次依次为专业人才、志愿者、培训教育、能力素质、考核评价、激励机制、高层次等。其中，队伍建设与上阶段科普人才政策最高词频相比有所增加，这说明科普人才的队伍建设一直以来都是科普人才政策的中心措施，而在上阶段词频度处于中下游的志愿者与培训教育在该阶段则有大幅度的提升，说明以科普志愿者充实科普队伍，同时加强对科普人才的培训与教育以提高其科普能力和科普水平是当前科普工作的重点。总体来看，科普人才政策在其创新发展阶段既突出工作重心，发展科普专业人才、壮大科普人才队伍，强化科普能力与服务水平，同时又不断通过渠道创新、形式创新和环境创新等手段为科普事业注入新活力，如科普产业、平台建设、信息化、整合资源、舆论宣传、"一带一路"等新兴科普政策关键词的提出，大大完善了科普人才政策体系，推动了科普人才的持续、健康发展。

从图6可以看出，2013年至今科普人才政策网络图谱呈现中心化趋势加强、主体政策紧密、边缘政策均匀分布的态势。该阶段科普人才政策网络是以队伍建设、志愿者、培训教育、激励机制、高层次、专业人才等为中心；核心网络边缘主要包含科普服务、平台建设、科普能力、专兼结合、区域人才、项目资助等政策行为；网络边缘主要以新兴政策行为为主，如"一带一路"、国际合作、人才计划、职称改革、共建共享等政策行为。整体来看，该阶段科普人才政策网络层次分明、主体突出，网络结构较为合理。

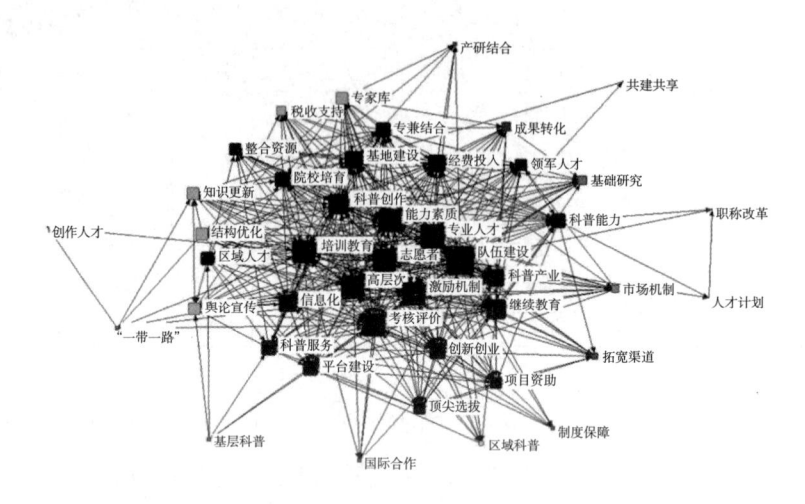

图6　2013年至今科普人才政策关键词K核网络图谱

2. 关键词中心性分析

近年来,我国政府及相关部门根据我国科普人才现状,结合社会实践需求,借鉴市场化经验,不断推陈出新,出台了一系列科普人才政策,内容涵盖科普人才建设与发展各方面的宏观把控和细节指导。对2013年至今科普人才政策创新发展阶段的关键词利用UCINET社会分析软件进行中心性分析,得到该阶段关键词政策行为的点度中心性、中间中心性和接近中心性结果。

（1）点度中心性分析

由表16可以看出,2013年至今,科普人才政策关键词点度中心性中,点出度最高的是队伍建设,其次依次是志愿者、专业人才、能力素质、高层次、培训教育等。由此可见,该阶段队伍建设在整个科普人才政策网络中与上阶段相同,依旧是主导科普人才建设政策的主体和重心,是衍生其他科普人才政策措施的关键,能够主导带动较多其他人才发展措施的施行,具备较高的权威性,对其他方面的科普人才建设措施有较强的影响力。不同的是该阶段的志愿者的点出度相比之前阶段有大幅度提升,位居第二。科普志愿者作为科普人才力量的重要补充和组成部分,在壮大科普工作队伍、传播科学普及精神、促进科普活动深入开展、推动社会科学文明建设等方面发挥着积极作用，是科普工作开展和科普政策发展的关键着眼点之一。这一方面说明了志愿者作为科普人才队伍的一部分，对科普事业的发展尤为重要；另一方面也说明了我国专业科普人才数量不足且难以满足当下阶段社会科普需求的现状问题。

表16　2013年至今科普人才政策关键词点度中心性

编号	关键词	点出度	点入度	标准点出度	标准点入度
6	队伍建设	41.000	16.000	95.349	37.209
40	志愿者	34.000	23.000	79.070	53.488
44	专业人才	34.000	16.000	79.070	37.209
23	能力素质	32.000	21.000	74.419	48.837
7	高层次	31.000	19.000	72.093	44.186
24	培训教育	30.000	26.000	69.767	60.465
13	激励机制	27.000	26.000	62.791	60.465
17	考核评价	27.000	25.000	62.791	58.140
……	……	……	……	……	……
12	基地建设	14.000	24.000	32.558	55.814
18	科普产业	14.000	20.000	32.558	46.512
33	信息化	12.000	20.000	27.907	46.512
25	平台建设	4.000	21.000	9.302	48.837
……	……	……	……	……	……
4	创作人才	0.000	2.000	0.000	4.651
31	拓宽渠道	0.000	11.000	0.000	25.581
39	职称改革	0.000	3.000	0.000	6.977
11	基础研究	0.000	13.000	0.000	30.233
……	……	……	……	……	……
网络集中性（点出度）				67.171	
网络集中性（点入度）				31.476	

从点入度来看，点入度最高的是培训教育和激励机制，其次依次是考核评价、基地建设、志愿者等。这说明在该阶段，培训教育和激励机制作为科普人才建设发展的手段和途径而广受重视，很大程度地参与了科普人才的建设，对其他科普人才政策行为起着较大的支撑和连接作用。我国经济社会近年来发展迅速，网络化、信息化通信和交流方式得以广泛传播使用，人民群众文化水平也有显著提升，因此社会对科普人才的科普能力也进一步提高了要求，对科普形式和科普质量也在不断提出新的挑战。只有通过不断的培训和教育以提升科普队伍的科普能力，通过激励机制引导刺激各类科普人才主动参与和建设科普事业，才能不断满足人民群众日益增长的科学文化普及需求。

从整体来看，该阶段各关键词的点出度数值相较于前阶段都有很大幅度的提升，说明该阶段科普人才政策网络在节点增加的同时其各政策行为之间的内在联系和协调也在不断强化。该阶段网络集中性（点出度）为67.171，相比上一阶段网络集中性（点出度）有大幅度增加，但网络集中性（点入度）为31.476，相较上阶段有小幅度降低，说明该时期队伍建设、志愿者、专业人才等重点建设政策行为集中化趋势加强，而培训教育和激励机制等手段性、过程性政策措施影响力和集中趋势有所减弱。

（2）中间中心性分析

由表17可知，2013年至今，科普人才政策关键词中间中心度最高的是培训教育，其次依次是队伍建设、激励机制、考核评价、基地建设等。与上阶段相比，该阶段各政策行为的中间中心度都有大幅度提升，与之不同的是该阶段培训教育代替了上阶段中间中心度最高的激励机制，队伍建设、基地建设和考核评价等也有大幅度提升。这说明在该阶段培训教育这一政策行为在科普人才发展其他各方面措施的施行尤其是科普队伍的建设有着关键的控制性和依赖性地位，作为一种政策媒介发挥着重要的转化作用，考核评价和激励机制等政策媒介也发挥着关键的转化作用。这些关键的最具影响力和控制力的政策行为能够将社会物质资源通过系列行为，努力转化为科普人才的智力和能力，提升其科普服务水平和服务质量，充实科普人才队伍。

表17 2013年至今科普人才政策关键词中间中心性

编号	关键词	中间中心度	标准中间中心度
24	培训教育	176.401	9.767
6	队伍建设	145.361	8.049
13	激励机制	127.415	7.055
17	考核评价	117.961	6.532
12	基地建设	85.361	4.727
40	志愿者	79.640	4.410
23	能力素质	73.733	4.083
……	……	……	……
30	税收支持	0.650	0.036
2	成果转化	0.515	0.029
1	产研结合	0.000	0.000
8	共享共建	0.000	0.000
9	国际合作	0.000	0.000
26	区域科普	0.000	0.000
28	人才计划	0.000	0.000
39	职称改革	0.000	0.000
10	基层科普	0.000	0.000
11	基础研究	0.000	0.000
网络集中指数		8.410	
非标准化集中度		6530.636	

该阶段的网络集中指数为8.410，较之上阶段有明显下降，说明该阶段在网络节点数量扩充的同时，各节点的联系未得到加强，网络整体的集聚性有所下降。该阶段随着信息技术的高速发展和新技术的不断涌现，科普人才构成、科普组织结构演变等都发生着根本的变化。该时期政策体系进一步完善，政策行为覆盖面进一步扩大，涉及范围更为广泛，同时也衍生出较多具备新内涵的科普人才政策行为，如职称改革、基础研究、共建共享、人才计划、产学研结合等。

(3) 接近中心性分析

由表18可见，2013年至今，科普人才政策关键词接近中心性中，外向接近度最低的依次是职称改革、基础研究、拓宽渠道、产研结合、创作人才和人才计划；内向接近度最低的是基层科普，且外向接近度与内向接近度的均值较上阶段都有明显的下降。结合本时期的科普人才政策网络图谱可知，外向接近度最低的职称改革、基础研究、拓宽渠道、产研结合、创作人才和人才计划等以及内向接近度最低的基层科普，其政策节点都处于网络边缘区域，对整体网络中其他政策指向性和辐射影响极低，与其他科普人才政策节点的联系也不密切，这是其接近度较低的根源。

表18　2013年至今科普人才政策关键词接近中心性

编号	关键词	内向疏远度	外向疏远度	内向接近度	外向接近度
39	职称改革	268.000	1892.000	16.045	2.273
11	基础研究	286.000	1892.000	15.035	2.273
31	拓宽渠道	289.000	1892.000	14.879	2.273
1	产研结合	297.000	1892.000	14.478	2.273
4	创作人才	305.000	1892.000	14.098	2.273
28	人才计划	311.000	1849.000	13.826	2.326
40	志愿者	316.000	94.000	13.608	45.745
23	能力素质	318.000	96.000	13.522	44.792
7	高层次	322.000	97.000	13.354	44.330
19	科普创作	322.000	102.000	13.354	42.157
44	专业人才	324.000	94.000	13.272	45.745
6	队伍建设	324.000	87.000	13.272	49.425
……	……	……	……	……	……
34	一带一路	337.000	129.000	12.760	33.333
27	区域人才	338.000	113.000	12.722	38.053
26	区域科普	339.000	129.000	12.684	33.333
41	制度保障	352.000	135.000	12.216	31.852
8	共建共享	358.000	155.000	12.011	37.742
10	基层科普	1892.000	82.000	2.273	52.439
均值		358.295	358.295	13.111	32.759
标准差		234.423	606.856	1.795	13.276

从政策特质来看，职称改革、基础研究、拓宽渠道、产研结合、创作人才和人才计划等政策行为属于较为新颖的科普人才政策，在新时期有着新的

生命力。职称改革可规范专业性科普人才的聘用、调动、晋升等，反映专业科普技术人员的技术水平、工作能力和成就，让科普人员获得更多的荣誉感和归属感；基础研究是促使科普人才汲取新知识、探究新原理、获得新方法的一项重要研究活动，对基础研究的高度重视是提高科普人才创新能力、积累智力资本的重要途径，是我国跻身世界科技强国和科普强国的必要条件，是将我国建设成创新型国家的根本动力和源泉；产研结合是科普产业与科普研究相结合，使得科普推广更加融入社会、更加符合社会需求，以提升科普质量和效率；创作人才和人才计划是近年来我国为专门培养科普人才而提出的新生性科普人才政策，通过专项人才计划，有针对性地规划科普人才的开发、成长和引导使用，培养创作型科普人才，强化科普事业的动力和活力是当前科普工作的重中之重。另外，基层科普这一政策行为在接近中心性中内向接近度最低，在外向接近度中最高，反映了基层科普当前在整体科普事业中对其他政策措施的影响力较低。因此，这些新生性科普人才政策行为应得到进一步加强和重视。

六　科普人才政策的演变规律

新中国成立以来，我国科普人才政策经历了初步谋划、快速发展、战略导向和创新发展四个阶段。在前文对各阶段政策网络及其中心性分析的基础上可以发现，新中国成立以来，我国科普人才政策在关键词量、政策文本量、政策主旨以及政策网络集中性方面随着阶段的演进表现出不同特征。

（一）政策数量演变特征

结合109份科普人才政策文本可知，中国科普人才政策在发文量及关键词量方面表现出随着政策阶段的演进而不断增加的发展趋势，且随着历史进程推进其内容不断丰富、体系不断健全。具体表现为：中国科普人才政策在部门方面发文量不断增长、在科普人才适用领域方面不断深化拓展、在政策文种方面不断丰富完善、在政策效力级别方面不断集中。

（二）政策网络集中性演变特征

为直观了解我国科普人才政策体系网络历史发展、演变的形态，结合UCINET软件文本分析结果将我国科普人才政策的初步谋划阶段、快速发展阶段、战略导向阶段和创新发展阶段的网络集中度、网络集中指数以及矩阵密度进行汇总，结果如图7所示。

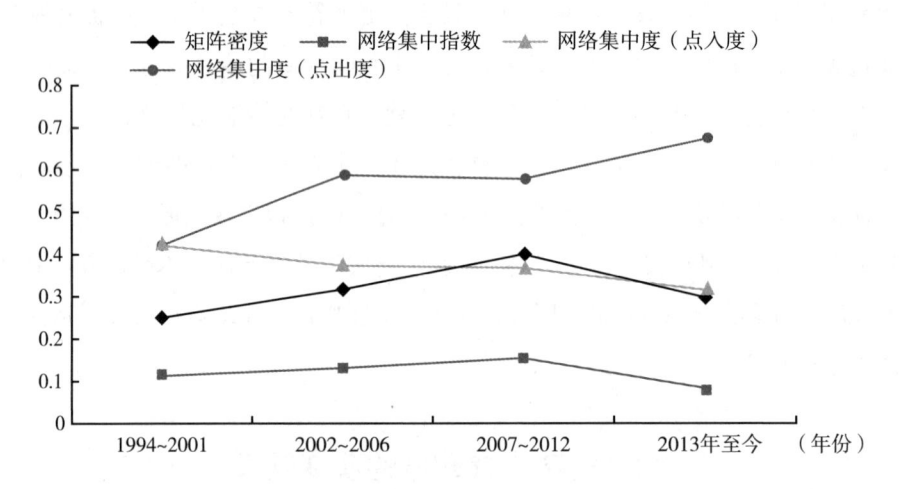

图7 科普人才政策各历史阶段网络集中性

由图7可见，网络集中度（点出度）随着历史阶段的演变总体呈现增长的发展趋势，而网络集中度（点入度）则随着历史阶段的演变呈现逐渐下降的发展趋势。从上文分析可知，网络集中度（点出度）平均最高的是队伍建设、专业人才、志愿者等，网络集中度（点入度）平均最高的是激励机制、培训教育和考核评价。从科普人才政策点出度和点入度最高的政策行为及其实质的角度上来看，队伍建设、专业人才、志愿者等属于科普人才建设的主体需求，具备一定的导向性和目的性，为需求型政策工具；[①] 而激励机制、培训教育和考核评价等属于建设科普人才事业中所必须依赖的渠

---

① 王国华、李文娟：《政策工具视角下我国网络媒体政策分析——基于2000~2018年的国家政策文本》，《情报杂志》2019年第9期，第90~98页。

道、方式或手段，具备一定的过程性和媒介性，为供给型和环境型政策工具。① 由此可见，具有导向性和目的性的队伍建设、专业人才、志愿者等政策行为的点出度集中度逐阶段增加，而具有过程性和媒介性的激励机制、培训教育和考核评价等政策行为的点入度集中度逐阶段减少。这反映出我国在制定科普人才政策和发展科普人才事业的过程中，存在着对扩大主体科普队伍建设目的过于强调、对科普人才建设渠道和发展媒介却不够重视的现状。

从科普人才关键词的网络集中指数和矩阵密度来看，在我国科普人才政策发展的前三个阶段，即初步谋划阶段、快速发展阶段和战略导向阶段，其网络集中指数和矩阵密度都呈现逐阶段增加的发展趋势；而在第四阶段，即创新发展阶段，其网络集中指数和矩阵密度同时出现了不同程度的下降，网络集中指数更是下降到历史最低。这反映出我国科普人才政策在发展的历史过程中，其政策内容不断丰富、发展内涵不断充实、涉及层面不断提升，科普人才开发渠道、使用方式、保障机制等不断完善，但不可忽视的是近年来随着科普人才政策行为节点的增加，各政策行为之间的协调程度和联系紧密度却并未随之增加，网络节点个数与网络联系度不成正比，网络集聚性差，这就导致部分科普人才政策行为后发力不足、执行效率低、协调能力弱的局面，各政策行为之间未形成一个紧密连接、相互促进、协调发展的系统，不利于科普人才事业的长远发展和科普资源的有效利用。

（三）政策主旨阶段性演变特征

1. 初步谋划阶段（1994~2001年）

该阶段国家对于科普人才政策的核心要点是做好对突出科普工作者的激励和表彰，以鼓励、支持和引导科普工作者进行科学普及事业的发展和贡献。主要通过激励表彰等行为对科普人才加以引导和刺激，壮大科普人才队伍，较注重对科普知识产权和科普成果的保护。为解决科普队伍规模较小、

---

① 高建刚、杨娜：《促进中国再生能源产业发展的整合性政策工具——以风能产业为例》，《数学的实践与认识》2019年第13期，第30~42页。

社会科普需求较大之间的矛盾，通过资金投入、激励表彰等措施，在壮大科普人才队伍和培养高水平科普人才的同时，发展专职科普人才和兼职科普人才相结合的科普模式。但该阶段的激励措施仅从物质奖励和荣誉表彰方面对有突出贡献的科普人才进行表彰，并未形成全面、系统的激励机制，不利于科普工作长期有效开展。

2. 快速发展阶段（2002~2006年）

该阶段主导科普人才政策措施的是科普人才开发。主要通过培训教育、拓宽渠道等手段加强对各方面科普人才的培养，重点培育科普学科领域的专业人才、专门人才、高层次科普人才，建立多层次人才体系、壮大基层科普人才队伍等，促进科普创作和科普作品出版，提升科学技术普及能力和服务能力，以应对社会不同层次和不同学科差异化科普的需求。在该阶段，国家层面的科普人才政策加大了对各类专业人才的重点培养和开发力度，通过各种渠道，如将科研、生产与科普有机结合，制订人才计划，加强实践训练和基础性理论研究，通过在高校设立科普硕士专业点等手段和措施，专注培养各类别和各层级、社会各学科和各领域以及实践需要的科普专业人才。

3. 战略导向阶段（2007~2012年）

该阶段科普人才政策的主题是队伍建设，不仅从长期战略视角丰富了实现科普人才政策目标的手段性措施，同时也涵盖了上阶段培育和壮大专业人才的主体政策措施，提高了对科普人才能力和素质方面的要求。与前两个阶段不同的是，本阶段丰富了实现科普人才政策目标措施建设的过程性和手段性行为——激励机制、经费投入、培训教育、环境氛围等。该时期一方面加强对科普人才队伍的整体结构性布局和规划，包括人员素质、能力、层次，学科布局、空间布局、区域布局等；另一方面对科普人才开发过程中所涉及的刺激性、引导性和保障性机制如激励表彰机制、经费资金投入机制、环境氛围营造、成果转化机制等不断加强指导，促进和提升科普人才建设的效率和质量。

4. 创新发展阶段（2013年至今）

在创新发展阶段，科普人才政策的主题是围绕培训教育和队伍建设展开，较之以往有很大程度的创新和丰富，是对以往各阶段科普人才政策行为的继承、整合、创新和发展的综合体。该阶段衍生较多新的科普人才政策行为,丰富了科普人才内涵,健全了科普人才培养体系,扩展了人才培养渠道,创新了科普人才发展理念。由上文分析可知,该阶段科普人才政策在科普人才培养的内容和形式方面得到大幅度的丰富、创新,在科普人才建设的渠道与方法方面得到深层次的拓展与完善:更加注重科普人才的科普服务能力以及科普工作者自身的科普素质和水平,更加注重区域科普的协调与兼顾,更加注重科普资源的整合与投入,更加注重区域性和国际性科普合作与交流,更加注重科普队伍结构的优化和层次的组合。

七　科普人才政策发展展望

自新中国成立以来,我国科普人才政策经历了初步谋划、快速发展、战略导向和创新发展四个阶段,每个阶段在我国科普人才政策发展的历史上都各有特点,都对我国科普事业的发展和全民科学素质的提高发挥着举足轻重的作用。但从我国科普人才政策网络历史发展的网络集中性上分析可知,我国科普人才政策体系需要在政策目标导向与实施媒介、政策节点配比联系等方面进一步优化提升,以更好地促进我国科普人才和科普事业的健康发展。

(一)强化政策建设目标与手段之间、需求型政策与供给型政策之间的协同

科普人才政策各项目标的制定要坚持以实际需求为起点、以经济基础为依据、以国家战略为导向、以时代特征为旗帜,要保证结合实际需求,对各项科普人才政策的可行性、有效性和价值性进行审核把控,降低政策落实难度,为政策的落实创造途径、减少压力,为政策的发展创造环境、减小阻碍。

对实现科普人才目标建设过程中所必须涉及和依靠的过程性、媒介性措施和手段要加强重视及落实,强化政策建设目标与手段之间、需求型政策与供给型政策之间的协同。科普人才政策中的激励机制、培训教育、考核评价、经费投入、职称改革、舆论营造、成果转化、交流合作、平台建设、信

息服务、继续教育、基地建设等都属于建设科普人才事业中所必须依赖的途径、渠道、方法和手段,属供给型政策与环境型政策工具。激励机制能够刺激和强化科普人才投入科普事业中的积极性和主动性;培训教育、继续教育、院校培养、产研结合等能够提高科普人才队伍的科学文化素质、科普创新创作能力和服务水平,是建设多层次、多领域和多学科高水平科普人才和专业科普人才的必须途径;考核评价、职称改革能够为科普工作者提供客观的发展评估、能力提升、职称定级、人才流动等依据;经费投入、平台建设、基地建设、舆论营造为科普人才的成长提升、交流发展、创新创作提供物质和精神保障。这些供给型和环境型政策工具对实现科普人才的发展目标至关重要。因此,政府各级部门要加大重视程度,制定合理有效、切实可行的实施规划,创造相应的经济和政治条件,加大对科普人才发展事业的物质投入和人力投入,加强对实施效果的监督反馈,切实保证过程性、媒介性、转化性科普人才政策措施的落地实施,切实强化政策目标与实施手段之间的联系和互进,保证需求型政策工具与供给型、环境型政策工具之间的协同。

(二)强化科普人才各政策行为点之间的关联

从上文分析可知,我国科普人才政策随着历史和时代的发展呈现政策节点不断增加、内容不断丰富的发展趋势,但各节点之间联系密切度的增长远不及整体节点数量的增长。新生性科普人才政策行为结合了社会发展的需要和时代特征,在科普人才建设和发展完善方面具备强大的影响力和活力。因此,在不断创新、丰富和发展科普人才政策行为的同时,更要关注和重视各政策节点之间的联系、组织和协调。

加强各科普人才政策行为点的联系与结合,尤其是科普人才建设主体部分(队伍建设、培训教育、考核评价、高层次、志愿者、能力素质、专业人才和激励机制等)与边缘政策行为和新生政策行为(如人才计划、职称改革、国际合作、共建共享、专群结合、市场机制、"一带一路"、顶尖选拔、专业项目等)之间的联系与配合。加快促进不同学科、不同区域、不同层次、不同领域间的科普人才建设措施的协调与整合,提高资源利用效率、政策协同效率和内部系统整合效率。要加快创新社会科普发展环境，营造社会科普舆论，完善科普政策体系，建立丰富、紧密、高效、协同的科普人才发展系统网络，促进科普人才建设事业的长期、健康、稳定发展。

（三）加强科普人才政策与国家其他人才政策之间的交叉融合

加强科普人才政策与国家其他人才政策的交叉融合，如科技科研人才政策、创新团队人才政策、区域创新人才政策、产业人才政策、创新创业人才政策、高端人才引进政策等多方面人才政策的交叉融合。建立健全多元化及深层次的科普、科技、创新、产业等方面的人才和资源的共建共享、共同发展的交叉培养与流动机制，提高人才建设物力、人力、精力、信息等方面投入的利用效率，节约资源，减少成本，增加质量。要加强科普人才政策系统与国家人才政策系统、科技创新政策系统、文化教育政策系统、人力资源政策系统、信息服务政策系统和改革发展政策系统等主体之间的联系和结合，建立多层次、宽领域的科普人才政策与国家其他社会发展政策之间的协调与合作体系，提高科普人才政策的生命力与活力，确保科普人才政策的全面性和完整性。

（四）建立科普人才政策有机循环发展体系

科普人才应以国家政府为监管依托，建立科普人力资源管理有机循环的发展体系，使科普人才规划、配置、培训、考核、薪资、关系六大模块相互协调、相互制约、相互促进。

科普人才战略规划。应依据社会科普发展实际需求及发展状况，以经济文化基础条件为依据，结合国家长期发展战略，制定具备时代性、创新性、科学性、长远性以及战略性的科普人才发展规划以及政策措施。既保障科普人才宏观性政策的战略性和科学性，又要确保科普人才细化性政策执行的可行性以及高效性。

科普人才流通与配置。建立健全科普人才全社会、多领域、多学科的交叉流通和自由匹配机制，加大对基层农村、基础科普研究、中西部地区、风险防范领域、重点突破领域等关键制约区域和学科科普人才的配置与引导。加强科普人才全方位配置的公平性和合理性，提高科普人才工作效率，严格缩减科普人才资源无效配置与闲置浪费。

科普人才培训与开发。以科普人才战略规划与国家战略规划为指导，以科普人才流通、配置和需求现状为依据，重视对科普人才培训需求的分析、效率分析和科普文化的分析，拓宽科普人才培训与开发渠道，建立多元化的科普人才培训机制。要注重科普人才培训与开发的目标，通过培训提升科普人才素质和能力，通过开发和提升科普人才的潜力与价值，增强科普组织或科普人才的应变和适应能力。

科普人才考核与评价管理。对科普人才的考核评价要建立一套系统的标准和体系，对考核与评价的意义、目的、作用、方法、效果、反馈等方面要客观明确。考核与评价应注意结合科普人才发展的战略与目标，结合科普人才培训与开发的效果，通过定期或不定期时段与多种考核手段对科普人才的科普能力、素质、水平、工作态度、创新成果、科普作品、工作业绩等多方面以事实为依据进行客观评价。评价的结果既要作为薪资福利、荣誉表彰设置的根据，又要作为科普人才劳动关系管理的依据，与科普人才的流通配置、人事调整、培训计划、发展规划等多方面紧密联系。

科普人才薪资福利管理。对科普人才的薪资福利的设置与分配应结合实际需求与当事人考核结果进行确定，既要保证薪资福利设置的公平性、合理性、满意度，又要起到引导、刺激和激发潜力的作用。对于不同的科普人才应匹配不同的薪资体系，应充分结合现代人力资源管理理论对不同科普人才进行需求层次划分，从物质奖励与精神奖励、社会保障与价值提升、职业发展与理想实现等多个方面予以满足和激励，加快推进科普人才职称改革，提高科普人才从业满意度和职业忠诚度，激发科普人才创新创作热情和潜力。

科普人才劳动关系管理。科普人才劳动关系管理应与科普人才的流通配置、考核评价模块相结合，对科普人员的考核评价可作为对科普人员进行聘用、晋升、降级、解聘、流通、配置的客观依据。科普人才劳动关系管理涉及科普人才队伍的稳定及构成，应创新科普人才用人形式和用人制度，结合全日制、聘用制、兼任制、派遣制、临时制、轮岗制等多种任职形式和劳动关系，多途径、多渠道、多形式揽用人才参与科普发展事业，同时应明确规定必要的职责、权利、义务和其他经济关系。志愿者是科普队伍的关键组成部分和构成因子，因此应予以足够的重视和管理，加强对科普志愿者队伍的关系管理。

高层次科普专门人才培养篇

Training of High-Level Popular Science Professionals

B.2 中国高层次科普专门人才培养试点工作报告

任嵘嵘*

摘　要： 高层次科普专门人才是科普人才队伍中的精尖力量，是推动科普事业创新发展的活力源泉。本报告对近年来我国高层次科普专门人才的培养现状进行了系统的梳理，对"试点工作"所取得的成果进行了详细的归纳和总结，对当前阶段"试点工作"所存在的问题及其原因进行了分析，并据此对未来我国高层次科普专门人才培养工作提出了相应的改进建议。

关键词： 高层次　科普专门人才　人才培养　科普硕士

---

* 任嵘嵘，东北大学秦皇岛分校科学教育研究中心主任，副教授，博士，研究方向为科普人才理论、科普评估。

一 高层次科普专门人才培养现状

2012年以来，中国科协、教育部贯彻落实党的十八大和三中、四中、五中、六中全会精神，深入践行"创新、协调、绿色、开放、共享"新发展理念，[①] 积极落实《中国科协科普人才发展规划纲要（2010～2020年）》中关于高层次科普人才培养目标任务，组织成立了全国高层次科普专门人才培养指导委员会（以下简称高指委），强力推进试点工作，圆满完成了阶段性目标任务，取得了丰硕成果，探索出了新路子，构建了校馆联合培养的新模式、创新工作的新机制，为党和国家培养了一批高层次科普专门人才，为提升国家科普能力提供了人才支撑。[②]

（一）构建了高层次科普专门人才培养新模式

五年来，面对首次接触的工作任务，注重顶层设计，加强组织领导，构建了高层次科普专门人才培养新模式，值得继续坚持与全面推广。

"试点工作"是一项创新工程，需要严密的组织机构和模式去推动落实。在无前期经验的背景下，中国科协注重顶层设计，精心谋划推动，探索了高层次科普专门人才（科普硕士）培养的新模式。即，由中国科协倡导，由中国科协、教育部共同组织，通过高指委对培养工作进行咨询、服务和指导，整合高校资源和科技场馆资源，各试点高校积极牵头、主动作为，科协下属的相关科技场馆密切配合、协调联动，依托试点高校现有硕士专业学位授权点，培养科普硕士的校馆深度联合培养模式（见图1）。

经过总结分析，目前形成的高层次科普专门人才培养模式主要有三个特

[①] 陈晓晖、胡冉冉：《统一战线服务创新、协调、绿色、开放、共享发展理念探析》，《辽宁省社会主义学院学报》2017年第4期，第37～43页。

[②] 郑念、张义忠、孟凡刚：《实施科普人才队伍建设工程的理论思考》，《科普研究》2011年第3期，第20～26页。

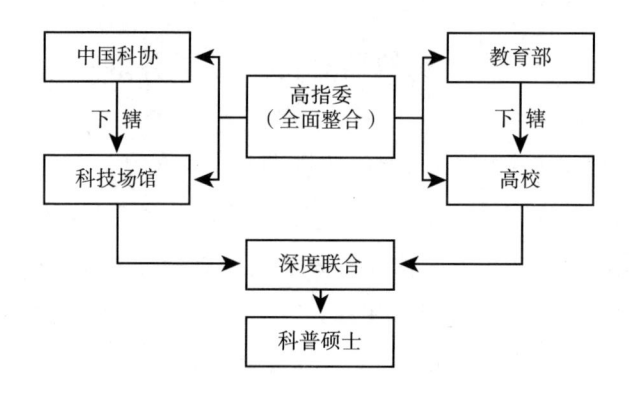

图 1　高层次科普专门人才培养模式

征，体现了较强的创新性、针对性和指导性，值得在下步工作中全面推广。

1."借"，即"借势而为，借力而行"

借助《中国科协科普人才发展规划纲要（2010~2020年）》发布之势，教育部和中国科协颁布了《推进培养高层次科普专门人才试点工作方案》，推动了全国高校与科普行业联合开展工作，为工作开展提供了指导。科协借助教育部之力，整合高校资源落实科普硕士的培养工作，借助现有的专业学位授权点，培养包括科普创意与设计、科普教育和科普传媒等方向的科普硕士，这是一大创新之处。

2."合"，即"资源重组，全面整合"

组建机构，成立高指委。高指委成员主要由中国科协、教育部、各高校和科技场馆等部门的专家学者组成，全面整合各方资源，为高层次科普专门人才培养工作提供咨询、指导和服务。[①] 高层次科普专门人才培养属创新性的人才培养工作，缺乏借鉴经验。高指委的成立为培养试点工作提供了重要的政策建议，为高校制定科普硕士培养方案给予了重要指导。

3."联"，即"打破传统、跨界融合"

科普专业硕士培养之初，可资的借鉴经验不多，科普硕士的培养目标、

[①] 洪唯佳、胡滨等：《新时期我国科技馆展览展品开发策略研究报告》，《科技馆研究报告集（2006~2015）》（下册），2017。

培养方案制定、实践教学和实践基地建设等方面是科普硕士培养的难点。在高校牵头下，各科技场馆全方位、全流程跟进配合，深度合作，共同完成从人才需求调研、试点工作实施方案制定、培养目标确定、招生简章制定、培养方案制定与评审、课程建设、教学安排、导师聘任、学位论文开题、专业实践和学位论文答辩各个环节的设计与实施等培养工作。在传统的硕士培养模式下，加入了科普事业的特点与诉求。在校馆深度合作的过程中，形成了包括"双导师制""实习导师制"等有效机制，保证了校、馆双方的跨界融合。①

（二）探索了高层次科普专门人才培养的新途径

五年来，面对无前期经验的实际，注重探索创新，系统综合推进，探索高层次科普专门人才培养的新途径，是下一步在其他高校推广的重要内容。

顶层设计、组织机构等明确之后，扎实推进高层次科普专门人才培养，是"试点工作"的重中之重。在中国科协的正确领导下，"高指委"充分发挥资源优势，精心指导各试点高校，紧密结合实际，探索出了一整套系统完善、相互协调的培养路径，为高层次科普专门人才培养工作提供了载体和平台。概括一下，主要有五大路径。②

1. 明确了招生途径与招生类型

试点高校在本单位已有硕士专业学位授权点中，根据试点任务和学校培养特色，自主选择1~2个硕士专业学位类别，设置合适的培养方向，招收培养相应的硕士专业学位研究生。招生的专业背景主要为理学、工学、农学或者医学学科门类，或者是理工科学术背景者优先。招生途径分为全国硕士研究生统一入学考试（全国统考）和招收在职人员攻读硕士专业学位全国联考（全国联考）两类。③每校每年原则上控制在30人左右。两类招生途

---

① 试点高校高层次科普专门人才培养试点工作阶段性汇总表（内部资料）。
② 各试点单位"高层次科普专门人才培养项目"2016年工作总结和2017年工作计划汇总（内部资料）。
③ 黄瑶、王铭、双勇强：《我国研究生教育发展类型结构全景图及其阐释》，《西安交通大学学报》（社会科学版）2017年第2期，第123~128页。

径的招生计划（限额），原则上在本单位原招生计划（限额）内解决。

2. 明确了专业学位授权途径

6所试点院校分别在艺术、教育、工程、文物与博物馆、新闻与传播等五个专业明确学位授权点，培养科普教育、科普创意与设计、科普传播三个方向的科普硕士。其中，艺术专业硕士与教育专业硕士是科普硕士培养试点的主体。艺术硕士仅在清华大学美术学院试点；工程、文物与博物馆、新闻与传播仅在浙江大学试点；教育硕士在北航、北师大、华东师大、浙大和华中科技大学试点。华东师大招收非全日制科学与教育专业学位硕士。

3. 明确了课程和教学资源

在课程建设方面，主要采用了高校自建以及校馆合建的方式。各试点高校和试点科技场馆紧密合作，改革创新课程体系，联合编写了一批适用于高层次科普专门人才培养的教材、教案等，并将本单位的优质教育资源用于试点工作。在教材的选择上，采用了通用性教材、翻译国外的原版教材以及教师自编的教材。在师资的选择上，确定了双导师制，主要来自高校的校内教师和科技场馆的校外教师。其中科技场馆的导师主要承担实践课程教学。在一些高校和科技场馆的深度合作中，校外教师还参与培养方案重构、课程教学、实习实践方案设计与制定、毕业论文指导等培养环节。理论课程教学主要是由高校校内师资承担，部分院校与科技场馆联合进行核心课程建设，聘请科技场馆的校外导师承担。在实践课程建设中，各实践基地发挥了突出作用，在实习实践师资队伍建设、实习实践计划的制定与实施等方面，承担了科普硕士实习实践教学任务。除了试点的实践基地外，部分试点高校充分挖潜，积极联系建设科普实习实训基地，丰富实习内容，为科普硕士实习实践提供了更好的条件。

4. 明确了专业学位论文的选题、导师和课题来源途径

6所试点院校均将科普硕士毕业论文的选题与科普实践中的热点问题紧密结合，论文形式选择上也较其他硕士学位论文灵活，包括作品类和研究类两类，尤其是作品类的科普论文更受欢迎。除沿用校内导师外，部分高校由双导师联合指导毕业论文。中国科协专门设置了"中国科协2017年度研究

生科普能力提升项目",为毕业论文选题提供了主要方向与来源。同时,科技馆也是毕业论文选题的来源之一。①

5. 明确了就业途径

确立了以科技场馆为主要需求背景的双向选择路径。非全日制的在职科普硕士,回原单位就业。全日制的科普硕士,鼓励其与实习所在的科技场馆达成就业意向,并进行双向选择。除为科普领域输送人才外,鼓励学生根据一级学科专业学位,扩大就业面,向中小学、科普企业、其他企业、政府机构和其他事业单位等各个领域输出科普人才。

(三)建立了高层次科普专门人才培养的新机制

五年来,面对繁杂的系统工程,高指委注重过程管理,强化系统指导,建立了高层次科普专门人才培养的新机制,值得在下一步工作中继续完善和推广。"试点工作"是一项繁杂的系统工程,尤其需要务实管用的机制来推动落实。中国科协结合实际,通过层层推选于2013年建立了高指委。五年来,高指委认真落实中国科协部署要求,认真履行职责,精心推动组织发展,建立了整套指导推动落实的新机制,推动了全国高校与科普行业联合开展工作,探索了培养高层次科普专门人才的基本规律以及对相关学科的建设问题,促进了高层次科普人才队伍的建设。②

1. 明确章程和任务,为工作开展提供了指导遵循

高指委经过认真研究谋划,精心制定印发了《全国高层次科普专门人才培养指导委员会章程》(试行),对高指委的人数、组织、职责以文件的形式予以确定和落实;经过深入调研研讨,制定印发了《全国高层次科普专门人才培养指导委员会 2014 年工作要点》和《全国高层次科普专门人才培养指导委员会 2015 年工作要点》,并超前谋划提出了 2014~2017 年人才

---

① 董毅:《人才培养质量视角下高层次科普人才培养模式探究》,华中科技大学硕士学位论文,2017。

② 中国科学技术协会:《全国高层次科普专门人才培养指导委员会章程(试行)》,2014 年 1 月 24 日。

高指委的工作规划、工作重点及保障措施等内容，为各单位扎实推进"试点工作"确立了基本遵循和指导方向。

2. 细化职责分工，为工作推进提供了组织保障

为高质量推进工作，高指委经过深入研究，制定印发了《全国高层次科普专门人才培养指导委员会秘书处设工作组职责及成员名单》，并细化分解了质量标准组、培养方案组、课程和教材建设组、实践基地建设组、综合组五个工作小组，确定各小组的职责与名单，做到任务分解明晰，责任落实到位，为工作推进提供了坚强保障。[①] 高指委完善工作协调沟通机制，加强了日常工作联络与统筹协调。根据实际需要及时调整组成人员和秘书处设置。2016年6月26日，批准教指委秘书处内设工作组职责及成员名单，由原来5个组调整为6个组，其中，质量标准组改为人才培养要求及质量评估组，综合组改为办公室，新增就业与创业组，调整相关工作组的工作人员。[②]

3. 确立实践基地，选准了工作落实平台载体

为选准实践基地，高指委经过深入研究，制定印发了《全国高层次科普专门人才培养实践基地管理办法（试行）》。对实践基地的申报与认定、组织与管理、考核与奖励等内容做了细化规定，经过深入调查，严格标准，认真筛选，于2014年9月，选定并公布了首批全国高层次科普专门人才培养实践基地名单。

4. 强化政策支持，完善了科普能力提升项目

为提高学生的积极性，中国科协科普部不断完善政策，自2014年制发《关于申报2014年度中国科协研究生科普能力提升项目的通知》开始，在原有的研究生科普能力提升项目中，明确规定科普作品类的项目定项资助，

[①] 董向宇：《我国大学学术委员会制度研究》，华东师范大学博士学位论文，2015。
[②] 各试点单位"高层次科普专门人才培养项目"2016年工作总结和2017年工作计划汇总（内部资料）；各试点单位"高层次科普专门人才培养项目"2015年工作总结和2016年工作计划汇总（内部资料）；试点高校高层次科普专门人才培养试点工作阶段性汇总表（内部资料）。

主要面向"全国科普专门人才培养"试点高校的科普专业研究生，有力提高了各高校和学生参与的积极性。

5. 完善教材体系，为课程顺利推进提供了支撑

理论课程教学是培养高层次科普专门人才的核心内容。中国科协出台了《中国科协科普部关于申报高层次科普专门人才培养教材建设项目的通知》，明确提出通过"中国科协高层次科普专门人才培养教材建设项目"，给予科普硕士培养的课程建设大力支持，为理论课程教学顺利推进提供了坚实保障。

6. 突出问题导向，做到及时深入调研指导

为及时发现问题、解决问题，确保工作扎实推进，教育部制发了《关于开展全国高层次科普专门人才培养工作调研的通知》，高指委制发了《关于开展全国高层次科普专门人才培养工作调研的通知》，主要是对试点高校科普专门人才培养情况、主要经验与存在的问题开展调研，针对人才培养的定位、方向、思路交换意见，进行现场指导。此次调研经过精心部署，对调研内容、组织实施、人员安排、时间安排、线路安排都进行了详细说明，达到了预期目的，有力地促进了各试点高校工作的顺利高效推进。

二 "试点工作"取得的主要成果

高层次科普专门人才培养的总目标是通过"试点工作"，探索培养高层次科普专门人才的模式、途径和机制，最终建设科普专业学位硕士授权点。当前，"试点工作"阶段性目标主要有两个：一是从2012年起，加强开展科普教育人才、科普产品创意与设计人才、科普传媒人才等专门人才培养工作。二是支持校馆联合开展高层次科普专门人才培养的课题研究，从而为试点工作提供充分的理论依据和支撑，完善科普专门人才培养方案，推进科普专门人才培养工作。2012年以来，通过中国科协、教育部以及各试点院校、科技场馆等不懈努力，"试点工作"取得了阶段性成果，圆满完成了目标任务，探索出了校馆深度联合的科普硕士培养模式、途径和培养机制，培养出

一批科普方向的专业硕士，他们走向了科普战线，迈入了社会。概括一下，主要有以下十大成果。

（一）招生工作成效明显

2012年以来，各试点高校克服诸多困难，积极进取，招生工作取得了明显成效。截至2017年7月份，6所试点高校共录取了近600名科普方向研究生，生源质量有了明显改善（见表1）。具体工作中，在科普硕士普及度不高、学生对科普硕士存在盲点的招生背景下，各试点高校探索了多种促进招生的机制。如，北京航空航天大学加大招生宣传力度，动员优秀工科学生申请推荐免试到本专业学习，确保招生质量，扩宽招生范围；北京师范大学科学与技术教育专业每年的招生名额是25人，往年因考生对该专业的认知度较低，需要调剂方可招满学生，在2013届、2014届的招生经验的基础上，2015年的招生考试中，该校调整了入学考试的科目，将科普硕士的专业课调整为"教育综合"和"科学教育概论"，增加了上线人数；[①] 华中科技大学在调剂过程中和诸多理工科院系沟通生源情况，在学院官网公布调剂通知，组织教师进行调剂生的二次复试等工作，有效提高了生源质量和数量。[②]

表1　试点高校2012~2017年科普硕士招生人数统计

单位：人

试点院校	总数	在职	统考	调剂	学生专业背景			
					教育类	理工农医类	艺术类	文科类
清华	—	—	—	—	—	—	—	—
北航	93	—	11	82	0	92	0	1
北师大	123	0	46	77	0	123	0	0
华师大	49	2	33	14	19	24	1	5
浙大	51	0	25	25	14	32	0	5
华科大	105	0	37	68	37	68	0	0
合计	421	2	152	266	70	339	1	11

① 全国高层次科普专门人才培养调研总报告2015年（内部资料）。
② 试点高校高层次科普专门人才培养试点工作阶段性汇总表（内部资料）。

（二）就业情况较为理想

为促进就业，高指委在官网上建立了就业专栏，架起了科普行业需求和毕业生供给之间的桥梁。各科技场馆积极为毕业生提供就业机会，在公开招聘中向科普硕士倾斜，一些科技馆（中国科技馆、上海科技馆、湖北科技馆等）的招聘计划中部分岗位明确招收科普硕士。特别是湖北科技馆在科普硕士就业方面做了非常大的努力，于2015年招录留用了8名华中科技大学科普专业硕士研究生，在2016年省人社厅公开招考中，有15个事业编制岗位的专业设置向科普硕士倾斜。北师大等试点学校，明确了科普人才的行业背景为科技场馆等非正规教育领域和中小学校等正规教育领域，并根据学生的就业意愿，分别安排到科技场馆和中小学校进行实践实习教学。同时，各试点高校均加大就业指导工作，积极拓宽输送渠道，就业率较为理想。2015年和2016年共为社会输送毕业生249人，就业率94.38%，就业去向主要为企业、科技场馆、中小学教育机构、公务员、高校、读博深造等。其中科技场馆接纳14.1%（35人）的科普硕士，科普企业接纳13.7%（34人），其他企业占20%（50人）（见表2）。

表2 科普人才培养就业情况统计（截至2017年7月底）

单位：人，%

试点院校	科普领域单位（直接贡献）				非科普领域单位（间接贡献）			暂未就业	合计
	总数	科技场馆	其他事业单位	科普企业	总数	机关事业单位	企业单位	升学		
清华	—	—	—	—	—	—	—	—	—	—
北航	31	9	14	8	15	6	8	1	—	46
北师大	49	6	36	7	9	3	4	2	7	65
华师大	14	6	7	1	13	11	2	0	0	27
浙大	10	2	0	8	17	13	3	1	3	30
华科大	34	12	12	10	43	9	33	1	4	81
合计	138	35	69	34	97	42	50	5	14	249
占比	55.42	14.06	27.71	13.65	38.96	—	20.18	—	5.62	100

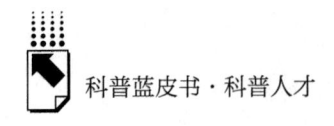

（三）校馆联合课程体系不断完善

各试点院校均建立了完善的课程体系，其中，北航、华师大、北师大、华科大等试点院校在校馆联合课程建设探索方面步伐超前，目前校馆共建的课程已达7门，承担授课任务的科技场馆教师数量达到10人，自编及翻译教材，提高了科普方向专业课程建设水平。比如，上海科技馆承担了《博物馆学》及《科普项目管理（含场馆管理）》两门课程建设任务，推进了课程建设研讨会，自编讲义，完成课程建设申报书等工作，探索出一条依靠自身力量自主培养人才的有效途径；湖北省科技馆承担"科技场馆概论""展览和展品设计""公共科学活动设计"等课程授课工作，较好地推进了课程建设任务。

（四）校馆联合的师资力量不断强大

为保障高层次科普专门人才培养的师资力量，各试点高校和科技场馆建立了"双导师"的师资建设机制，探索形成了三个层面的具体制度：一是各试点高校聘请校外科普硕士导师参与科普硕士毕业论文的联合指导工作，目前各试点基地已先后投入优秀导师进行了164人次的毕业论文指导工作。二是各试点高校聘请校外科普硕士实践导师指导科普硕士实习实践课程，目前试点基地已投入212人次指导科普硕士实习实践课程。三是聘请校外科普硕士导师参与部分核心课程的教材建设、课程大纲建设、核心课程讲授等工作，目前科技场馆已投入10人次参与核心课程建设。比如，华东师范大学和上海科技馆，校外导师渗透到全流程的科普硕士培养工作之中；华东师大6个院系一起合作，以课题资助方式吸引导师，这种方式很有借鉴意义（见表3～表5）。

（五）学术研究成果丰硕

为加强课程理论研究，中国科协通过"高层次科普专门人才培养教材建设项目"这个载体，对各试点单位给予大力支持。仅2016年中国科协下

表3　2016年科普方向理论专业课程教学情况统计

单位：门

试点院校	课程建设 总数	课程建设 高校自建	课程建设 校馆合建	授课教师 总数	授课教师 校内教师	授课教师 科技场馆校外教师	教材来源 总数	教材来源 自编	教材来源 翻译	教材来源 选用
清华	—	—	—	—	—	—	—	—	—	—
北航	12	9	3	15	12	3	12	1	1	10
北师大	21	20	1	20	16	4	20	0	0	20
华师大	15	13	2	14	12	2	15	0	0	15
浙大	10	10	0	11	11	0	10	1	0	9
华科大	5	4	1	5	4	1	6	0	0	6
合计	63	56	7	65	55	10	63	2	1	60

表4　毕业论文指导导师队伍建设情况计（截至2016年底）

单位：人

试点院校	校内导师数 教授	校内导师数 副教授	校外导师数 教授	校外导师数 副教授	合计
清华	—	—	—	—	—
北航	5	8	1	4	18
北师大	4	8	0	7	19
华师大	2	6	1	6	15
浙大	3	7	0	0	10
华科大	9	13	3	5	30
合计	23	42	5	22	92

表5　实践教学指导教师指导情况统计（截至2016年底）

单位：人次

试点基地	指导实习实践导师数量	指导毕业论文导师数量
中国科学技术馆	97	97
上海科技馆	47	23
山东省科技馆	8	0
浙江省科技馆	26	17
湖北省科技馆	22	19
武汉科技馆	6	0
广东科学馆	6	8
合计	212	164

发的《中国科协科普部关于公布高层次科普专门人才培养教材建设资助项目名单的通知》，就给予了22部研发类核心教材和6部翻译教材立项支持。在中国科协的激励和支持下，在相关教师的努力下，各试点院校在科普研究领域产出成果，在论文发表、著作、科研项目上均有明显收获。各试点院校共发表论文275篇，各试点高校共获批科研项目159项，其中中国科协研究生科普能力提升项目109项。试点实践基地也发表了多篇论文。如，广东科学中心工作人员指导学生撰写并发表文章2篇，刊登在《广东科技》（2015年第14期）及《计算机科学》（2016年第S1期）杂志上（见表6）。

表6 科研成果情况（截至2017年7月底）

单位：项，篇

试点院校	教材立项 总数	其中，中国科协专项资助	发表论文数量 总数	学生发表论文	教师发表论文	科研项目数量 总数	其中，研究生科普能力提升项目	其他
清华	—	—	—	—	—	—	—	—
北航	2	2	19	15	4	38	32	6
北师大	2	2	171	115	56	81	39	42
华师大	13	6	20	—	20	9	6	3
浙大	1	1	49	35	14	9	9	0
华科大	2	2	16	13	3	29	23	6
合计	20	13	275	178	97	166	109	57

（六）实习基地建设扎实有效

"试点工作"初期，校馆深度合作是科普硕士培养模式的关键所在，如何保证试点高校和科技场馆深度联合，是需要建立的关键机制之一，而行政强制力是校馆深度合作的整合保障。为此，教育部和中国科协联合下发了《推进培养高层次科普专门人才试点工作方案》，以行政命令保证了二者的深度合作，建立了强有力的校馆行政整合机制。通过行政整合，很多高校和科技馆都成立了校馆双方参与的指导机构。比如，华中师范大学2013年与湖北省科协共建中心，华中科技大学的领导小组成员包括校科协、研究生院、教育科学研究院，广东科学中心成立指导委员会，上海科技馆与华东师范大学签订了实践协议，浙江省科技馆专门成立了"高校科普人才培养"项目组。各科技馆均组建了实习导师团队，制订了细致的工作方案。如，中国科技馆从实习前的准备到实习后形成了"一条龙"的规章制度。2012年以来，通过各方积极努力，建立了一大批实践基地，为高层次科普专门人才培养提供了广阔平台。目前，全国已建设首批高层次科普专门人才培养实践基地10家，分别是中国科学技术馆、上海科技馆、广东科学中心、湖北科技馆、浙江省科技馆、山东省科学技术宣传馆、武汉科技馆、东莞市科学技术博物馆、中国科学院计算机网络信息中心、背景果壳互动科技传媒有限公司等。除上述试点实习基地外，各试点院校通过努力，与周边科技场馆、科普企业等联合建设了18家实习实践基地。全国首批试点实践基地承担了绝大多数科普硕士实践教学培养工作，共接纳了试点院校243名学生的实习实践课程，占全部试点院校学生的78%。截至2017年暑期结束，仅中国科技馆一家试点实习基地先后接纳了清华、北航和北师大等5所院校的96名学生实习实践。[①] 在没有专项经费支持、没有专门人员编制的情况下，科技馆克服困难，为科普硕士培养工作做出了突出贡献（见表7、表8）。在具体实践过程中，除了岗位实践外，各实践基地还组织开展了多类培训、讲座等教育活动，拓宽了实践内容，强化了实践效果。如，湖北科技馆组织华科大相关专业学生进行实训工作，教学方式以实地参观、现场辅导、互动体验为主，以专家报告和课前、课后阅读为辅，力求做到理论联系实际，教学相长，互动推进，走访了科技类博物馆、自然类博物馆以及社区科普、基层科普、野外科考等各种形式的科普场所，几年来已形成特色品牌；广东科学中心在专业课程学习过程中均要求学生独立完成一篇"科技馆教育及创新发

[①] 各试点单位"高层次科普专门人才培养项目"2016年工作总结和2017年工作计划汇总（内部资料）；各试点单位"高层次科普专门人才培养项目"2015年工作总结和2016年工作计划汇总（内部资料）。

展"课程的论文作业，以及按实际教学情况合作完成一份展览设计方案。其中，由2012级4名学生共同完成的"服装展"展览设计方案，得到中心研究设计部的一致认可，被列入未来可开发展览备选方案。

表7 实习基地建设情况统计（截至2016年12月底）

单位：个

实践基地总数量	首批试点实践基地数量	自建实践基地数量	
		科普企业	其他
33	10	5	18

表8 实习实训情况（截至2016年12月底）

单位：人

试点院校	合计	首批试点实践基地接纳人数	自建实践基地接纳人数	
			科普企业	其他
清华	—			
北航	70	39	31	0
北师大	92	65	0	27
华师大	28	18	0	10
浙大	40	40	0	0
华科大	81	81	0	0
合计	311	243	31	37

（七）研究生毕业论文水平较高

各试点院校不断加强研究生教育管理，着力打造优质人才。特别是高度重视毕业论文工作，建立了专业学位论文指导机制，就选题类型、导师制、课题来源等方面都进行了探索创新，提高了毕业论文的科普含量与水平。截至2017年7月底，共完成毕业论文286篇。其中，作品类毕业论文142篇；双导师联合指导154篇；74篇毕业论文课题来源于科协科普提升项目、91篇毕业论文课题来源于科技场馆，再次表明科协和科技馆在科普硕士培养中发挥了突出作用。例如，自2014年起，各科技馆积极组织科普硕士申报中国科协科普部支持的年度"研究生科普能力提升项目"。在毕业论文指导方面,各试点单位均落实了"双导师制"的联合培养原则。例如,清华大学建立了科普硕士双导师培养途径;上海科技馆为科普硕士配备了校外导师共同指导学生的论文撰写;北京航空航天大学每名学生都配备了校内和校外导师联合培养;中国科技馆为科普硕士提供毕业论文选题;华东师范大学把科普硕士作为一个学术专业授权点来建设,管理非常严格,每年毕业硕士学位论文都一次性通过(见表9)。

表9 学位论文选题、导师制和课题来源(截至2017年7月底)

单位:篇

试点院校	总数	选题类型		导师制		课题来源		
^	^	作品类	研究类	仅校内	双导师	科协科普提升项目	科技馆提供	其他
北航	46	46	0	0	46	0	46	0
北师大	92	81	11	63	0	39	16	37
华师大	27	0	27	0	27	5	14	8
浙大	40	0	40	40	0	7	0	33
华科大	81	15	66	0	81	23	15	43
合计	286	142	143	103	154	74	91	121

(八)师生交流渠道不断拓展

大力举办高层次科普专门人才培养专题沙龙和学术论坛。2016年6月,举办了高层次科普专门人才培养试点高校科普硕士师生交流活动(第一期),为试点单位科普师生提供了与高指委领导、科普大咖深度交流的机会,有力促进了试点单位之间的沟通协调、经验交流和深度合作。11月,全国高层次科普专门人才研究生论坛在安徽芜湖顺利举办,其中,中国科技馆组织了来自北京航空航天大学、北京师范大学、中国科学技术大学、华中科技大学等高校的20多名学生参加,会上就项目内容进行了交流汇报和专家点评,取得很好反响。

（九）拓展了国际合作与交流的培养途径

中国科协组织了海峡两岸科协传播论坛，主要以科技创新、科学普及以及提升广大公众的科学素质为宗旨，推动了海峡两岸的科学传播事业从最初的了解走向熟悉，从以前的互访走向现如今的深入合作，加强了两岸科学传播事业的优势互补、资源共享，共同推动了两岸科学传播事业的繁荣与发展。清华美院借此契机，协助中国科协组织该次论坛，并将第一届科普硕士的毕业展设计作品进行集中展示，既为学生提供了更高的展示平台，又拓宽了学生的科普视野，取得了非常好的效果。自2015年起，华东师范大学为拓展科学与技术教育专业学生的学术视野，提升高层次科普专门人才培养的国际化水平，增进学生的学术动机和投身科学教育与传播事业的职业认同，建立了国际知名专家与该校专家联合授课项目，实施了海外名师授课、海外访学等项目，除海外名师进行现场讲授之外，本校教师还进行相应的文化背景与专业内容的讲解。目前已成功举办4期，每期时间为1~2周，颇受学生欢迎，并形成了学术影响力（见表10）。

表10　海内外专家联合授课安排

时间	国际专家	主题/内容
2015年6月	外国专家：Daniel Raichvarg教授，法国信息与传播科学学会主席。 校内专家：裴新宁教授、安维复教授	主题："科学剧场：可以成为科学传播的主角吗？" 内容：多角度解读科学剧中科学史的呈现与多元表征的运用，对学生的科学表演作品进行指导
2015年11月	外国专家：Daniel Raichvarg教授，法国信息与传播科学学会主席。 校内专家：安维复教授、裴新宁教授、肖思汉博士	主题："科学家在公众科学理解中的作用。" 内容：讨论科学家与科学普及、科技发展与公民科学素养水平的关系

续表

时间	国际专家	主题/内容
2015年12月	外国专家:Marcia C. Linn 教授,美国加州大学伯克利分校技术增进的科学学习(TELS)中心主任。 校内专家:裴新宁教授、郑太年副教授	主题:"基于网络平台的科学探究。" 内容:Linn 教授介绍运用新技术促进科学理解的方法以及相关科学传播项目。国际专家与我校专家现场切磋科学传播的方法和研究,并联合为学生同台展示研究工具和设计思路,共同诠释不同文化情境中科学理解的异同,破译科学传播的种种难题和疑惑
2016年12月	外国专家:Marcia C. Linn 教授,美国加州大学伯克利分校技术增进的科学学习(TELS)中心主任。 校内专家:裴新宁教授、肖思汉博士	主题:"基于互联网+的科学传播和 STEM 教育方法。" 内容:与美国研究团队同步开展基于网络的 STEM 课程学习进程研究(对比案例分析)
2017年11月中旬(拟)	Michael J. Jacobson 教授,澳大利亚悉尼大学教育和社会工作学部教育学院院长,认知和大脑研究团队的共同主任	主题:"科学教育的文化、设计与创新。" 内容:包括三个工作坊的论坛

(十)学生创新创业萌芽初现

各试点院校积极搭建平台,鼓励学生创新创业。如,清华大学启迪创新研究院致力于创新型国家建设,通过政、产、学、研、金、介、贸、媒等各方面要素的整合,优化了区域创新环境;清华大学艺术学院鼓励科普硕士创新创业,鼓励学生开办设计小组,不仅加速了科普创新型人才的成长,也有力地促进了创业企业的快速发展。

例如,2015 级科普硕士穆道衢同学,本科毕业于清华大学美术学院工业设计系,免试推研至科普硕士。[①] 其利用启迪创新研究院的平台鼓励自己

---

① 试点实践基地高层次科普专门人才培养试点工作阶段性汇总表(内部资料)。

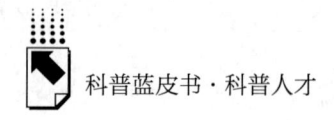

创业的"轻客出行"项目，在指导教师张雷教授的鼓励下，克服重重困难，取得了天使B轮融资，获得了2亿元的创投资金，专卖店开到欧洲多个城市。

三 "试点工作"存在的主要问题及原因分析

通过几年来的努力，"试点工作"虽然取得了不错的成绩，探索了弥足珍贵的新路和经验，但这毕竟是一个新兴事物，在推进过程中也存在着需要解决的困难和问题，主要体现在以下三个层面。

（一）学校层面

1. 科普硕士培养规格不统一

主要是专业硕士学位授权点培养路径不同，造成的培养规格不统一。现有专业硕士授权点开展科普硕士培养的优势是见效快，但也存在着培养规格不统一的难点。艺术学、教育学、工程、新闻与传播、文物与博物馆这些专业学位授权点有自身固有的培养目标、培养方案、课程体系。作为复合型人才，培养的科普硕士既要具备原专业学位的培养目标要求，又要具备科普硕士方向的培养目标要求，势必存在培养规格不统一的问题。同时，高指委规定必修课内容，在培养上既受高指委的指导，又受教育部学位办的评估，在双重指导下有些工作协调起来还不够顺畅。

2. 普遍存在调剂生比例高的问题

主要有三个方面原因：一是由于受文科学院招收理工科背景的学生这一路径限制，以及科普硕士在社会上的认知程度较低，调剂生仍然占据了较大比例。2014年调剂人数占60.29%，主要在限制理工科专业背景学生的北航、华中科技大学、北师大等院校。不限专业的如清华大学、华中师范大学没有出现调剂现象。二是多学位授权点培养科普硕士的培养路径，造成社会层面的就业角色认知困难、学生层面的专业角色认知困难。在社会层面带来的问题是，是应该按照教育硕士来使用该毕业生，还是应该按照科普硕士来使用该毕业生；为什么偏文科的教育硕士却是理工科的本科教育背景。在学生层面带来的问题是，自身是教育硕士还是科普硕士，从理工科跨专业成为教育硕士，能否完成学业，未来的职业规划是什么，等等。三是社会层面的就业角色认知困难导致学生对职业生涯发展存在疑虑，降低了学生的报考积极性；学生专业角色认知纠结同样降低了学生的报考积极性，造成报考学生人数不足、素质不高，导致大部分需要调剂，造成调剂生比例高。

3. 存在科普领域对口就业率低的问题

"试点工作"的重心是为科技场馆培养所需的三类人才，但目前到科技场馆就业工作的毕业生比例低，仅占14.1%。主要有三个方面原因：一是专业学位授权点路径不同和偏文科的专业授权点招收偏理工的招生路径，导致社会对科普硕士存在就业角色冲突，不清楚是按照科普方向还是按照专业学位授权点来定位科普硕士。因此科普硕士未能纳入科普领域事业单位编制招聘计划专业目录。科普领域事业单位作为事业单位，存在编制有限、招聘自主程度低的问题，无法吸纳众多的科普硕士毕业生。二是科普硕士跨专业调剂率高，就业意愿多元。科技场馆就业、出国留学、读博深造、自主创业、进入企业就业、考取公务员都是他们的可选项。学生对科普事业和科普产业的认识和认可度不足，导致其对进入科技场馆就业兴趣不足。三是社会对科普硕士就业角色的认知困难导致科普企业对科普硕士不了解。本次试点的目标是培养面向科技场馆的科普人才，在联合培养办学中，未与科普企业建立紧密的联系，未能使科普企业增加对科普硕士的认可，科普硕士对科普企业也知之甚微，因此科普硕士在科普企业的就业率较低。

4. 资源投入普遍偏低

一是针对学生的资助主要是以项目的形式进行，仅资助了部分学生，但对学生整个群体培养需要一定的经费，目前还没有一个专项的科普奖学金作为引领。二是目前缺乏对工科学生提供的实习经费。三是在馆校结合的过程中，对于实习、实践基地的相关工作没有明确的经费投入，不能支持学生去外地实习。

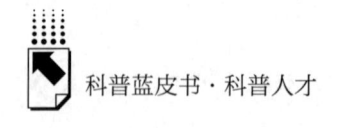

（二）科技馆的实习实践基地层面

1. 实习基地定位还不清晰

各科技馆高层次科普硕士培养的定位还不明确，尤其是在双导师制的框架下，科技馆的指导教师承担的角色与职责还不清晰。尤其是在当前初级阶段，科技馆很难探索出相应的有效路径。

2. 没有专门针对实习基地的相应经费支持

学生在实习基地实习，没有相应的费用支持，目前全凭责任与热情去参与。没有经费列支，一些活动难以开展，实习活动还不够积极。

3. 实习时间段安排不够合理

学生实习是根据学校的教学进度安排的，但到科技馆实习也并不完全是科技馆的用人时段。导致有的科技馆在需要人的时候没有实习生；而不忙时来了很多实习生，没有事干，实训效果不是很理想。

（三）其他层面

1. 研究成果利用率还不高

在试点工作中，在相关高校导师及场馆教师的指导下，很多学生在实习与论文阶段完成了水平较好的研究成果，承担了科普部研究生能力的项目成果。这些成果有的具有应用与转化的价值，但目前都在项目结题与学生毕业以后就暂时放置，转化利用率还不到位。

2. 部分教师积极性不够高、投入精力还不够

由于目前教师对新专课程比较支持，在"试点工作"的时间投入上比较难以保障，而且教师指导的难度也较大，对教师考核的要求高。在很多高校中，科研考核是教师生存与发展的根本。当前承担的大量科普工作与科普项目，在各高校中基本不纳入有效的科研工作量。培养科普硕士的教师科研产出也不够。同时，科普成果很难在高水平的期刊中发表。这些因素极大地制约了很多优秀的年轻教师加入科普研究与学生指导的工作中来。

四　对高层次科普专门人才培养工作的建议

（一）不断完善对院校的审核评估模式

高层次科普人才的培养已经历了试点、探索的发展阶段，正如所见，它的发展在逐步走向规范化、专业化，但还应该进一步解放思想，积极借鉴国外科普人才培养的高效做法，敢于探索与创新。五年来，高指委克服了重重困难，起到"破冰"作用，实现了从无到有的历史性开拓，开创了全新的工作领域。今后的工作中，要在继承好优良传统和经验的基础上，进一步突出分类指导，实现模式创新，以便更好地推进高层次科普人才培养工作。

1. 进一步完善原有试点院校的审核模式

针对已经开展高层次科普专门人才培养工作的我国"211"（包括"985"）重点大学而言，制定统一标准，以及采用"自上而下"的评估形式都是不合理的。审核评估模式可采取如下形式：各试点学校根据其自身的办学定位和发展规划，在学校原有组织的基础上，积极组织第三方国内外一流专家对自己学校的发展定位、规划实施、资源配置、组织架构、制度建设、过程监控、质量保障等进行全面审核，并对科普人才培养工作可持续发展给出建设性意见。

2. 建立新增院校办学条件评估达标模式

针对提出申报高层次科普专门人才培养试点的院校，由于其在高层次科普人才培养方面办学起点比较低，而且条件不足、欠缺、经验，可以通过评估办学条件是否达标来加强科普硕士办学条件建设、规范教学管理，确保这些院校达到高指委规定的高层次科普专门人才培养最基本的办学条件和最低的质量标准，基本上沿用以往"目标导向"模式，统一标准、统一要求。在组织实施工作中，由高指委直接组织评估或委托地方专业评估机构实施评估。

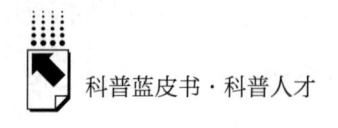

（二）调整完善高层次科普专门人才培养的路径

高层次科普专门人才培养工作是一项系统工程，不可能一蹴而就，需要长期探索完善。特别是当前"试点工作"面临的困难，揭示了要进一步完善专业学位授权路径、学生专业背景路径和面向科技场馆的培养试点路径等。

1. 完善培养工作的框架和路径

高指委在创建科普硕士之初就确定了工作定位，主要是试点高校在本单位已有硕士专业学位授权点中，根据试点任务和学校培养特色，自主选择1~2个硕士专业学位类别，前期先开展培养科普教育人才、科普产品创意与设计人才、科普传媒人才等三个方向的试点工作。其合理内核要按照既定的硕士培养的标准开展，从多个角度进行人才的培养与提升工作，使高层次科普专门人才的参与背景更为多元化。也要进一步完善该模式，不仅要明确核心基础课，而且要完善核心专业课的内容与实习实践的内容，以满足科普领域的需要，符合教学评估的要求。此种模式的优势是具有可扩展性，在不同的学校、不同的专业领域研究中都可以开设科普研究方向，使各学校容易接纳这个新生事物，容易上手操作。

2. 明确培养科普专业学位硕士

建设科普专业学位授权点是科普硕士培养工作的方向，也是破解当前"试点工作"困境的关键因素之一。要旗帜鲜明地培养科普专业硕士学位，将科普硕士培养纳入国民教育目录中，明确科普领域所必需的基本理论、素质与技能、培养目标。进一步明确科普行业中的主要职业角色、行业背景和职业内容。对于科普产业基础好的院校，要侧重培养高层次科普产业管理人才；对于创意能力强的院校，要侧重培养高层次科普创意与设计人才；对于科学传播能力强的院校，要侧重培养高层次科学传播和科学教育人才。在目前6所试点高校中，选择培养经验较多的试点院校，将"试点工作"由目前培养各专业硕士学位的科普方向硕士，推进到培养科普专业硕士学位研究生，先期重点培养科普创意与设计、科普场馆、科普传媒、科普产业经营、科普活动策划与组织等方向，提升培养工作的针对性和实用性。

3. 大力施行试点高校动态评估机制

对于研究生的培养单位可以采用动态申报的方式进行。由中国科协向教育部每年申请固定的研究生培养人数的指标。根据指标数量提供专项培养经费。各高校每 5 年进行一次科普硕士培养单位重新认定与申报工作。前期开展好的学校，在下一年延续。态度不积极的，运行效果不好的，实行淘汰制。最后由高指委重新选定培养高校，提供培养指标与经费。

4. 大力推进实践基地动态评估机制

推行公开招申报，集中评审机制。各科技馆可根据自身的能力与岗位需求，提出实习实践数量，不能少于规定数。各高校的实习学生与科技场馆和科普企业有序对接，学生可自行选择相应的科技场馆进行实习。同一高校的学生，可以分配在不同的场馆中；同一场馆也可接收来自不同院校的人才。中国科协根据学生实习的人数，下发相应的实习经费，同时对实习的效果进行监测与评估。

（三）全面提升高层次科普专门人才培养的整体效果

高层次科普专门人才培养工作，特别是建设科普专业硕士学位授权点，不是短期行为，需要长期努力。建议在目前"试点工作"基础上，在以下七个方面做渐进式的推进工作。

1. 进一步发挥高指委的指导作用

除对工作的总体指导外，以高指委专家学者为龙头，切实参与科普人才培养的工作中来，进一步发挥示范带头作用。高指委成员可作为兼职指导老师，根据自己的专业与方向，参与培养工作，带领各试点单位开展工作。鼓励高指委成员所在单位申报科普硕士实习实践基地，为学生提供实习与锻炼的平台。利用好科普行业内资源，为科普硕士搭建平台，推荐学生就业，使高层次科普专门人才学有所用，促进科普行业的蓬勃发展。大力开展面向科普行业的高层次科普人才研究工作，组织专家学者，针对科普行业的人才需求，深入开展调查研究。梳理科普行业范围，特别是摸清科普行业中企业情况,掌握科普企业中科普工作流程、与之相对应的科普人才类型,明确每一专门人才类型的知识需求、能力需求和需求规模等,确定试点培养的人才类型和企业。

2. 明确高层次科普人才培养和使用的鲜明导向

高层次科普人才培养的终极目标在哪里,是仅为科技馆提供人才、还是为科普行业提供高层次人才?人才培养的出路问题,要放在培养过程中进行同步考虑。各高校在人才培养时,要瞄准学生未来的发展,有针对性地展开培养。学校要深入了解整个科普行业的情况,确保培养出来的科普人才层次高、业务精、上手快。

3. 进一步扩大高层次科普专门人才培养承办院校

将现有试点经验进行推广,扩大试点院校范围,增加试点院校和试点实践基地的规模。在院校的区域选择上,充分考虑区位因素,确保相对均匀,并与当地的科普场馆及科普产业的需求相一致。在院校级别的选择上,不仅仅限定在"985"高校范围之内,适当向一些科普参与工作积极的一本院校倾斜。提高科技馆的吸引力,促进科技馆特别是一些省馆和市馆招聘相应的高层次人才。建议增加南方的科普人才培养试点高校,可不局限于"985""211"等重点高校,分层次进行培养,使南方的几所大型科技馆也可以更好地投入科普人才培养试点工作,利用自身的资源为培养科普人才做贡献。

4. 进一步完善高层次科普专门人才建设标准

为进一步推动该项目高位发展,需要在既定的目标下规范建设内容。从培养机构标准、教师标准、课程标准以及培养标准等方面确定全国统一的目录与框架,这样才能为扩大试点单位提供规范化的指导支持。

5. 进一步完善科普导师的培养机制

为满足科普导师的科研诉求,提升指导教师的积极性与认知水平,在现有学校认定的项目体系中加入科普的内容,将项目纳入正规体系。主要在七大类别项目体系中进行联合,增设科普体系。即,恢复国家自然科学基金原来设有的科普专项,或者增设应急项目等;国家社科基金可以考虑增设科普专项，为科普理论研究的人员提供统一竞争的平台，或者将科普研究的内容纳入指南清单，引导更多的人参与科普工作；教育部人文社科基金，在各方向中均可以增设科普的方向内容；省科技厅、科委的软科学研究项目中加入科普的方向内容；在省社科基金的申请中，增设科普的方向内容；在省自然科学基金的大框架体系下，增设科普方向内容；在教育厅教育改革立项中，增设科普方向题目。打通培养高校的人员考核渠道，与现有职称评核体系对接，通过对学术研究力的挖掘，有效带动本学科建设，尽快壮大和提升师资的专业力量。

6. 增加对实践基地的经费投入

在学生培养工作的实践过程中，实践基地涉及大量经费的支出，包括基地建设费用、科技馆专业课程的建设费用、理论课程老师备课上课的劳务费用、实践指导教师的劳务费用、学生实践补贴费用等。全国科技馆多为事业单位，具有特殊的单位性质，因对科普人才培养工作没有专门的经费划拨，上述所有的经费支出没有一个专项出口，这些费用可能无法及时到位，甚至需要借用其他项目的经费进行支出，这会严重影响科普人才培养工作的开展，而且不符合财政要求。所以，为了确保科技馆方面的科普人才培养工作能够进行得更顺利，在给学术提供项目经费支持的基础上，应增加对实践基地的实践培养专项经费的投入，以保证实践基地的工作能顺利进行。

7. 大力提高科普研究成果的利用率

高层次科普人才不仅是在场馆中发挥作用或在企业中发挥作用，在大型科普活动与日常工作中也要发挥作用。要结合学生的学术成果、实践方案，采取政府引导和市场机制相结合的方式搭建成果库，为省级科协、地市级科协、各中小学以及社区、农村开展各项活动提供资源。

8. 进一步加大毕业生就业引导工作

建议中国科协与教育部协商共建科普领域专业目录，供科普领域各用人单位在编制招聘计划方面，能够按照教育部设置的专业目录填写科普专业需求，激发科普行业对高层次科普专门人才的需求。建议中国科协与教育部协

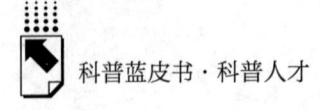

商，设定中小学科普教师编制，要求专业背景为科普，增加初等教育科普人才需求。建议中国科协对隶属单位招聘工作设定高层次科普人才的比例。同时，鼓励毕业生创新创业，加强政策引导，为有科普创业意愿的毕业生搭建平台，拓宽高层次科普人才就业渠道，增强高层次科普人才培养工作的吸引力和影响力，为国家培养出更多更好的高层次科普人才。

B.3
高层次科普专门人才实践能力培养研究

——以北京师范大学科学与技术教育专业为例

吴春廷[*]

摘　要： 建设高层次科普专门人才队伍是实施全民科学素质行动计划的重要要求之一。当前高校是承担高层次科普专门人才培养的主要部门。在国家和社会的共同关注下，科普人才发展呈现上升趋势。本文根据科普实践的特点和需求构建了高层次科普人才知识——能力模型。并以北京师范大学"科学与技术教育"专业人才培养实践过程进行比对，提出完善课程体系、丰富实习形式、构建人才培养机制以及加强专业师资力量等建议，以期培养出高质量的科普人才队伍。

关键词： 科普人才　高层次科普人才　科学与技术教育　科普人才能力模型

一　概况

《国家中长期人才发展规划纲要（2010~2020年）》中提出要开展"科普专门人才队伍建设工程"：到2020年，全国科普专门人才数量达到400万人左右，要进一步完善人才结构，提高科普人才的质量，并着重培养一批高水平科普专门人才。[①] 为了培养高水平的科普专门人才，中国科协发布了

---

[*] 吴春廷，中国科普研究所科学素质研究室，实习研究员，研究方向为科学教育、科学素质监测评估。
[①] 董艳、吴春廷、顾巧燕等：《从地平线报告看我国科学与技术教育专业人才培养》，《开放学习研究》2016年第6期，第35~41页。

《中国科协科普人才发展规划纲要（2010～2020年）》，在人才培养理念、过程、评价上进行了诸多的探索与尝试。[①]

2012年，教育部与中国科协联合开展培养高层次科普专门人才试点工作，旨在培养"科普教育、科普产品创意与设计、科普传媒人才"三类高层次科普专门人才，并确定清华、北航、北师大、华东师大、浙大、华中科技大学等全国六所高校作为试点院校，开展试点培养工作。

北京师范大学于2013年开始招收"科学与技术教育"专业（以下简称"科教"专业）学位硕士研究生，培养科学教育和科普场馆方向的高层次科普人才。作为首批参与试点的高校，截至2019年，该专业已经有七届学生入学。高层次科普专门人才的培养必须充分考虑到科普就业市场对科普专业人才能力的要求，以满足科普工作的实际需要。北京师范大学在科普人才培养工作的规范化中不断探索创新，通过对专业的培养目标、课程设置和人才培养转变的研究来对科普专业人才进行再认识，以期提高科普专业人才培养的质量。

二 概念界定

（一）科普

目前对于科普的定义文本，学界尚未达成共识，有诸多的解释版本。本文采用孙文彬等[②]从工作视角对科普的定义，即科普是科学技术传播、普及以及推广的事业。这一概念很好地诠释了科普的内涵，科普的目的是提高公民的科学素质，推动人类社会物质文明和精神文明建设，并面向广大社会公众进行科学知识、科学方法、科学思想和科学精神传播的活动。

[①] 马武松：《〈中国科协科普人才发展规划纲要（2010～2020年）〉编制完成》，《中国科技产业》2010年第8期，第78～79页。

[②] 孙文彬、李黎、汤书昆：《整合"普及范式"和"创新范式"两大传统——兼谈我们所理解的科学传播》，《科普研究》2013年第2期，第5～14、98页。

（二）科普专门人才

科普专门人才是按照科普人员工作性质进行的划分，指在科普年度统计中从事科普工作占其所有工作时间60%以上的人员。包括专门从事科普管理的人员、科研院所等进行专业科普研究的人员、专职科技辅导员、科普频道或科普节目编导、职业科普作家、各类科普场所工作人员等。

（三）科学与技术教育专业

自2013年起，中国科学技术协会和教育部与清华大学、北京师范大学等六所高校试点培育高层次科普专门人才，培养熟知科普实践的理论和特点，并能采用合适的技术手段从事科普实践活动，从事科学与技术教育工作和研究的实践型高级人才。

三 科普专业人才的能力素质模型

科技人才的科普能力包括对科普工作的态度、科普创作及传播能力等，这些能力的提升能够适应新时代科普工作的需求。首先，科普人才必须熟悉特定的专业领域，并且能够以适宜的传播方式、合适的内容表达形式把该领域的知识向特定公众进行传播。其次，要掌握一定的活动策划、项目管理等技巧。最后，科普人才自身要具备正确的科学精神；同时能够不断更新自身知识结构内容，不断进行自我学习和反思，探索进取。目前科普专门人才培养的模式包括知识架构部分、技能部分和才干部分。

不同的学者对于科学人才进行了界定，同时对科普人才的能力素质也提出了不同的要求。国内有代表性的是吴中云提出的科普人才素质能力模型和张进福的基本能力素养模型。

（一）吴中云——科普人才素质能力模型

吴中云从科学素质和文化素质两种基本素质角度，构建了素质能力模型。科学素质包括基本的科技知识、科学探究的方法、科学思维以及科学精神等；文化素质包括基本人文素养、大众文化知识、语言表达、心理学和社会责任感等。从吴中云①的人才素质能力模型中我们发现，他强调科学的基本素质，也就是我们传统意义上的"四科两能力"。他比较强调对人才文化素质的培养，强调人才的社会属性，在人才培养上具有明显的科学与社会倾向，但对人才的科学技术掌握和实践能力上的培养较少。

（二）张进宝——基本能力素养模型

张进宝②对科教专业人才能力进行研究，认为科普人才应当具备五种基本能力素养：基本科学知识、科学方法和科学思维；将学科知识进行编码的能力；向社会公众进行科学传播的渠道决策能力；具体科普活动的策划、组织与实施能力；科普理论研究能力。张进宝与吴云中都非常强调人才的"四科两能力"，但是张进宝从科普传播和教师培训视角对人才能力进行了界定，强调学生对传播方式方法和实践能力的培养。

（三）科普人才 TPACK－P 知识－能力模型构建

互联网和新媒体改变了科学传播的方式和方法，改变了科普的模式。这对高校科普高端人才培养提出了新的要求。科普本身又是一项以实践为导向的活动，在科技信息时代，科普工作者需要有很好的整合技术的实践能力。③ 因此北京师范大学科普教育专业，根据上述科普人才能力模型，结合教师教育研究中的 TPACK-P 模型，构建了科普人才 TPACK-P 知识－能力模

---

① 吴中云：《浅谈科普人才的基本素质与培养途径》，《第十三届中国科协年会第21分会场——科普人才培养与发展研讨会论文集》，2011，第97~99页。

② 张进宝：《高校人才培养视角下的科普场馆教育人员专业能力》，《科普惠民 责任与担当——中国科普理论与实践探索——第二十届全国科普理论研讨会论文集》，2013，第658~668页。

③ Yi-Fen Yeh, Tzu-Chiang Lin, Ying-Shao Hsu, Hisn-Kai Wu, Fu-Kwun Hwang, "Science Teachers' Proficiency Levels and Patterns of TPACK in a Practical Context," *Journal of Science Education and Technology*, 24 (2015): 78-90.

型，即一名合格的科普专门人才要具有整合技术的专业科普知识、能力，并且能够将其运用在实际的科学普及实践中。该模型可以指导科普工作者培养科普实践所需的 4 种核心能力以及 4 种基本知识，以及在不同情况下衍生的 8 个复合能力和 8 种复合知识。图 1 为科普人才知识 – 能力模型。

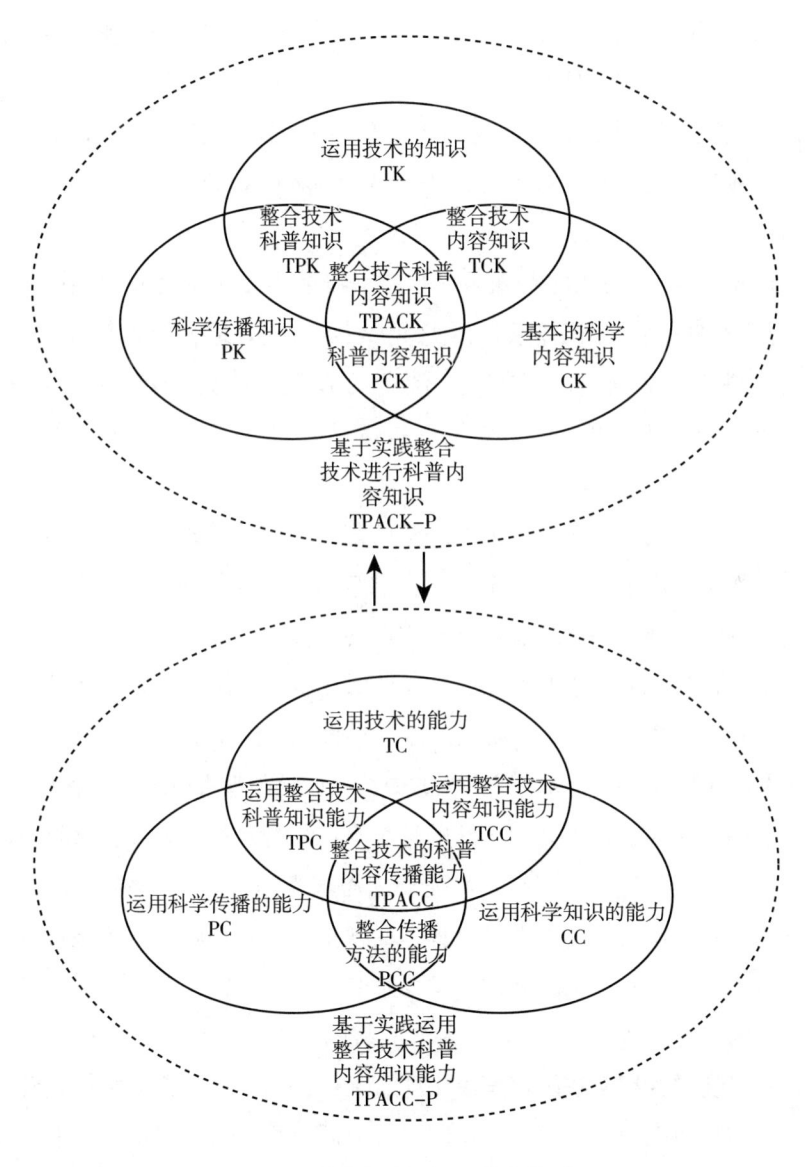

图 1　科普人才知识 – 能力模型

从图1可以看出，系统的学科知识、有效的科学普及科学传播方法、相应的科学传播技术及实践知识都是必不可少的。

CC是指运用科学知识的能力，是科普工作者将自身的科学知识发挥到科普实践中的能力。与之对应的是CK（content knowledge），即基本的科学内容知识。

PC是指运用科学传播的能力，是科普工作者运用科学传播技巧进行科普的能力，与之对应的是PK（pedagogical knowledge），即科学传播知识。

TC是指运用技术的能力，是科普工作者根据科普实践需要运用技术进行科普实践的能力，与之对应的是TK（technological knowledge），即运用技术的知识。

P（practicing）是指实践知识。是在实践中能灵活运用所学知识，发现不足，并完善自身的知识体系，在实践中自省，更好地进行科普活动。

新的科普实践重塑了科普工作者的知识、能力结构和战略格局，TPACK-P专门人才模型能够有效培养满足科普实践需求的人才，具有以下三个层级。

第一层为表现层。表现层是最外围的基础内容，科普实践活动对科普人员的专业知识提出了很高的要求，扎实的知识结构也可以有效促进学生的科普能力、科学精神、科学思想和科学方向的培养。

第二层为能力层。专业能力是通过日积月累的工作经验以及长期不断学习积累下来的，以上科普能力模型涵盖了科普领域的全流程能力需求。从科普活动设计的开端，到科普活动实施的中端，再到科普活动效果评估的终端。

第三层是互动层。理论和实践的良性互动是高端科普人才应该具备的高级能力。科普实践让科普工作者从受众的需求视角，深入了解实践和任务，科普理论学习会让科普工作者跳出单一的视角，重新理解科普体验设计。科普实践者不仅要做一个实践和理论的"明白人"，还要做将科普实践和理论有机结合的"全面人"。作为单一科普实践的个人，要从更高的视角看待科普专业，知晓科普事业在国家发展中的意义，评估自己的行为将产生什么效应。真正的高品质人才，具备战略眼光、资源、洞察力、组织力，能站在战略层的高度去驱动科普实践活动。

四 科学与技术教育专业建设与发展状况

科学与技术教育专业（科技场馆方向、STEM 教育方向）教育硕士，主要面向科技场馆（科技馆和其他科技类博物馆）、中小学校、相关行业培养高层次的人才。使他们具备现代教育理论，具有一定的科学与技术教育视野，或者掌握各类科学技术活动的开发设计、组织实施、理论研究的综合型人才。

（一）专业建设情况

1. 培养目标

通过将 2019 年培养目标与之前培养目标对比，发现以下几点变化。一是要求学生从社会发展语境中理解科学与技术，培养学生对科学技术本质的多维认知，推动科学技术的传播。二是熟悉不同人群尤其是青少年的心理特点，了解科学教育、科学传播的一般规律，根据不同受众的心理特点和认知水平，制定符合受众水平的教案和活动方案，能够胜任科技类场馆或正规学校的科学教育、通用技术教育、创客教育等各类活动的设计、实施与管理等工作。三是熟悉各种教育技术手段和科学实验、科技方法，胜任开发教学性科技实验、制作的工作，并研制相应的教学、实验器材。四是熟练掌握良好的表达和适时互动技巧，胜任面向不同层次对象开展教学活动的工作。

2. 学分设置

北京师范大学科学与技术教育专业课程分为四种类型，具体设置情况见表1。

表 1　北京师范大学科学与技术教育专业学分

单位：学分

课程类别	2013~2018 年设置情况	2019 年设置情况
公共必修课	12	14.5
专业必修课	10	8
专业选修课	6	5.5
必修环节(实践教学环节)	8	8
总学分要求	至少 36	36

如表 1 所示，总学分需至少 36 学分。该专业课程体系分为公共必修课和院系平台课程，专业课又分为必修课和选修课；无论是公共必修课还是专业必修课，其所要求的学分明显高于选修课，必修课学分占总学分最低要求的 84.7%，选修课仅占总学分的 15.3%；相对单科课程来说实习实践环节占学分比较大，占总学分最低要求的 22.2%。

3. 课程设置

为了提高科学与技术教育专业硕士的素养，课程教学内容结构分为公共必修课、专业必修课、专业选修课、必修环节（实践教学）四大课程模块（见表2）。

表 2　专业课程设置

课程模块名称	课程中文名称		学时	学分	修读学分要求
公共必修课	政治理论		32	2	修读14.5学分
	外语		32	2	
	教育原理		32	2	
	课程与教学论		32	2	
	心理发展与教育		32	2	
	教育研究方法		32	2	
	科学教育教学设计与案例分析		32	2	
	英文学术论文写作		8	0.5	
专业必修课	科学与技术教育课程与教材研究		32	2	修读8学分
	科学与技术教育教学设计与实施		32	2	
	科技场馆概论		32	2	
	科学教育资源开发		32	2	
专业选修课	思维训练与学习力提升		32	2	至少修读5.5学分
	信息检索、分析及利用		32	2	
	教育研究数据分析		32	2	
	STEM教育理论与实践		32	2	
	科技论文写作		32	2	
必修环节（实践教学）	校内实训	创客教育的设计与实践	16	1	教育见习、教育实习、教研见习三类必修环节（实践教学）均需修读，三类必修环节（实践教学）总学分至少修读8学分
		教师职业技能训练	16	1	
	校外实践	教育见习	16	1	
		教育实习	64	4	
		教育研习	16	1	

4. 实践教学环节

科学与技术教育专业注重实践，实践教学环节占很大比重。在形式上分为教育见习、教育实习、教研见习三类必修环节（实践教学），且均需修读，三类必修环节总学分至少修读8学分。从实践场所方面，主要分为科学教育单位（包含正式和非正式场所）、科技类场馆（如科技馆和科技类博物馆）以及科普研究单位（如中国科普研究所和中科院科普宣传场馆）等。从上面可以看出本专业非常重视实践教学环节，教学实践场所与科普紧密相关，且包含的领域涉及科普的方方面面，对于学生了解科普、从事科普实践发挥了重要作用。

（二）培养方向的转变情况

人才培养服务于科普实践，互联网技术的发展和社会的进步都重塑了科普的实践需求和方式，作为科普实践的实际执行者，培养的目标、过程和方式也相应地发生变化。根据本专业培养方向，将科学与技术教育专业分为三个阶段，分别为探索期（2013~2015年）、转型期（2016~2018年）和成熟期（2019年以后），具体情况见表3。

表3 招生情况

年份	培养方向	人数（人）	学生背景
2013	科学与技术教育	25	本科专业为理学、工学、农学或者医学
2014	科学与技术教育	25	本科专业为理学、工学、农学或者医学
2015	科学与技术教育	25	本科专业为理学、工学、农学或者医学
2016	科技场馆 STEM教育	25	本科专业为理学、工学、农学或者医学 本科专业为理学、工学
2017	科技场馆 STEM教育	25	本科专业为理学、工学、农学或者医学 本科专业为理学、工学
2018	科技场馆 STEM教育	25	本科专业为理学、工学、农学或者医学 本科专业为理学、工学
2019	科技场馆 STEM教育 教育测量与大数据挖掘	20 20 50	本科专业为理学、工学、农学或者医学 本科专业为理学、工学 无专业限制

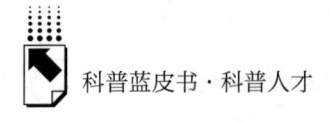

1. 扩展专业方向

从专业成立之初到2015年，本专业为探索期。在这个阶段为单一方向，学生具体研究课题主要由导师研究方向和学生自主选择确定。2016～2018年为转型期，适逢STEM、创客等新型科普教育理念的兴起，本专业积极吸取科学教育的精髓，将科学与技术教育专业进一步划分为科技场馆和STEM教育两个方向，标志着专业转型完成。2019年是科学与技术教育专业成熟的一年，专业培养紧握时代脉搏，在加强技术应用的基础上，提出建立完善测评体制的任务，增加教育测量和大数据挖掘方向，从此，科学与技术教育专业科普人才培养更加全面，实现了从科普活动的设计发端，到科普活动的实施中端，再到科普活动的评估终端全流程人才培养。

2. 扩大招生人数

如表3所示，2013～2018年，科学与技术教育专业招生人数稳定为25人，到2019年，人数从25人猛增至90人。从不同专业人员结构来看，与过去相比，科技场馆和STEM教育专业总人数达到40人，比之前增加了15人。新增教育测量与大数据挖掘专业50人，总招生人数达到90人。可以看到科普领域高端科普人才市场存在很大的需求。

3. 学生专业背景的转换

在本专业的探索阶段，专业划分并不是很明显，且培养方向为场馆教育，实践场所要求学生必须具备理科专业背景知识，因此招生专业限定在理学、工学、农学或者医学门类的考生。专业的转型期培养目标明确划分为科技场馆和STEM教育两个方向，在STEM教育方向减少了招收医学、农学门类学生。到2019年专业成熟期，科技场馆和STEM教育方向延续了之前的招生限制，新增的教育测量与大数据挖掘专业则没有学生的专业背景限制。我们发现，随着专业领域划分越来越清晰，人才的类型也逐渐丰富，划分也更加明确。

4. 学位论文

学位论文（毕业设计）选题应紧密联系科学与技术教育的相关实践，来源于科技场馆、科学活动中心、中小学科学教育中的实际问题。论文形式多样化，可以是展教活动设计方案（结合科技场馆）、科学传播类软件设计制作 CAI（如科普游戏类作品、科普视频类）、科学玩具设计制作、科学实验/活动设计制作、中小学科学教材与活动设计（如科普漫画、套装教材、3D 科普书）。

与 2013 年专业成立之初的要求相比，一是选题来源方面，增加了中小学教育方向，论文形式上相对应增加了中小学教材与活动设计，与教材或活动的结合体现了专业的实用性和针对性，有利于未来教师深入了解教学实践；二是增加了技术类的主题选择，如科学传播类软件制作设计、科普游戏和科学玩具设计制作。技术在未来的教育中应用得越来越广泛，未来的教师必然是人机结合的有机体。但是我们也发现在毕业选题上注重实践，但缺乏对科普实践理论的研究。

从整体上来看，北师大科学与技术教育专业从 2019 年开始发生了重大转变。在专业培养方向、课程设计、招生背景、人数、毕业论文研究方向等都进行了适时的调整，这与时代发展是相吻合的。

五 科普教育专业科普能力提升的策略

通过对标科普人才 TPACK-P 知识 – 能力模型构建内容，总结"科学与技术教育"专业建设前期探索性的工作经验，本部分探讨高等院校培养高层次科普专门人才实际办学条件。本文认为，在明确培养目标、加大实践能力提升、构建联合培养体系以及加强师资力量建设方面入手，切实提高培养人才的适用性和科普能力，切实为全民科学素养提高贡献一分力量。

（一）明确培养目标

1. 课程体系增加科学史及传播学方面课程

"科学与技术教育专业"具有很强的综合性特征，需要包含科学、技术和教育三个人类实践领域的科学知识。目前的课程体系中，一方面缺少科学哲学、技术哲学、科学发展史方面的课程；另一方面缺少传播领域方面的相

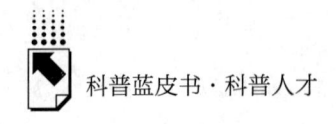

关课程。作为高层次科普专门人才，既需要科学技术素养，又需要具备一定的传播沟通策略和技巧。科学史和传播学方面课程的不足，不利于高层次科普人才的实践能力提升。

2. 增加选课自主性

本专业的就业去向主要是科技馆、中小学科学教育师资和中小学通用技术师资。就业去向的广泛性决定了对科普人员的具体领域实践知识要求的多样性。因此，应针对就业去向的需求，增加选修课程模块。

3. 以实践应用为导向

这里要说明一个认识误区，技术并不单单只运用现代技术，如 AR 技术、VR 技术、平板电脑教学等，简单的裁剪、剪刀、纸片儿，生活中随处可见的可以用于科普实践的方式方法都可以称为技术。这里要着重培养的是科普实践者在面对不同受众适时适地选择各种方式的技术进行科普实践的能力。

（二）加强科教硕士实践能力

1. 合理安排实习时间

教育实习是教学理论与教学实践紧密联系的重要纽带，教育实习成效的好坏直接影响着师资培训的质量。[①] 在实习时间上采取分散与集中相结合的方式，把实习的时间有机融入科普硕士培养的过程中。

2. 提高实习实践质量

在实习场域中，针对实习生设计有效的实习方案，严格要求，参加在职训练活动、承担日常工作。指导学生观察和熟悉实习单位的企业文化，了解如何进入工作角色，如何成为团体中的一员。

（三）加强培养协调

本专业是中国科协和教育部共同协作的高校试点培养工作。在实践能力

[①] 董艳、吴春廷、顾巧燕等：《从地平线报告看我国科学与技术教育专业人才培养》，《开放学习研究》2016 年第 6 期，第 35~41 页。

培养上，要加强领导单位的监督指导作用，组织大学科普场馆申报建设科普实践基地，加强科普实践基地和试点高校的合作，联合进行科普人才培养，加快提升科普教育硕士的实践能力。

（四）加强师资力量建设

高层次科普专门人才的培养需要一支稳定、高水平的专业教师队伍。目前，科学与技术教育专业处于发展阶段，高校科普专门人才培养的师资力量明显不足。

第一，出台政策吸引教师从事科普领域的研究。教师在教学和科研上都从事科普领域的教育工作，将从实践经验、理论知识两个方面提升教师水平。目前的高层次科普人才培养教师存在教学和科研"两张皮"的问题，出台政策解决这一问题是提升教师水平的有效路径。

第二，与科普领域单位合作，建设兼职实践教师。提升科普人才的实践能力，要求授课教师具有科普工作的实践经验。通过和领域内的单位协作，邀请相关的科普实践专家担任兼职实践教师，指导学生实践，提升教师的实践能力和经验。

第三，师资国际化导向。一方面要"走出去"，为本专业教师的国际交流访学创作条件，拓展国际化视野；另一方面要"引进来"，面向海内外招聘教师。

B.4
2018年中国科学家开展科学传播活动的现状与对策

刘萱 任嵘嵘*

摘　要： 一方面，公众期望科学家参与公共交流与科学传播，更好地承担起社会责任。另一方面，一些科学家不太善于面对公众，不知道如何将科学知识传播给公众。本文以中国共601个大学、科研机构为着力点，对科学家面向公众开展的科学传播活动进行了调查，同时借鉴欧洲各地支持大学、科研机构开展公共交流的举措，从明确政策导向、设立专项传播项目、做好高等教育机构资源整合、发挥学会的行业引领作用四个切入点，提出中国情境下的有效对策与建议，为我国科学家更好地承担社会责任、提高公众科学素养提供有效借鉴。

关键词： 科学家　科学传播活动　科普人才

导　言

社会的进步和科学的发展呼唤有效的科学传播手段，科学传播的目标之

---

* 刘萱，中国科普研究所博士后，研究方向为公众理解科学比较、国内外科学传播理论与实践、科学传播政策；任嵘嵘，东北大学秦皇岛分校科学教育研究中心主任，副教授，博士，研究方向为科普人才理论、科普评估。

一，就是消除公众与科学以及科学家之间的"多年误会"。① 随着科学传播事业以及媒介融合传播的不断发展，大学、科研机构、科学家、公众与媒体之间的关系日益复杂，② 科学家在科学传播中的地位和作用也得到更多学者的关注，其所持观点主要分为两个方面。

一方面，政府、大学、科研机构、研究资助者、学会和更多的科学政策参与者都一致认为，科学家对科学的发展及其在社会中的地位至关重要，科学家对帮助公众了解科学、理解科学乃至参与科学的过程中做出的贡献是功不可没的。③ 在过去的十年里，机构和政策制定者对科学家开展科学传播的态度越来越明朗，西欧几个国家已将科学意识及科学普及纳入国家政策和法律；高等教育机构会为提升自身影响力和知名度，聘请专业团队对大学、科研机构中的科学研究成果进行宣传；科学传播和科学传播的专业化正在被纳入大学、科研机构的研究范畴。Turney（2006）指出，真正的科学家参与公众交流是无可替代的。科学传播人员作为调解员或促进者是有帮助的，但他们无法真正获得科学实践或最新的科学发现，④ 因此科学家需要承担起传播科学方法、精神的重任。⑤

另一方面，还有一些学者持反对意见，他们并不赞成科学家与媒体接触。法国物理学家和科学评论员 Jean Marc Lévy – Leblond（1996）表示，媒体虽不能完全掌握科学发现的精髓，但可以较好地免除科学家与公众接触的社会责任。德国专家 Gerber（2011）的观点更加犀利，指出为了保护科学家，不需要进一步发展他们对公众的理解，并且要进一步加大科学家和科学传播者之间的分工。

---

① 《公众与科学界，彼此误会好多年》，http：www.guokr.com/article/441508/，2016 年 6 月 8 日。
② 杜志刚、孙钰：《面向公众的科学传播研究：一个综述》，《中国科技论坛》2014 年第 3 期，第 118 ~ 123 页。
③ Brian Trench, Steven Miller, "Policies and Practices in Supporting Scientists Public Communication through Training," Science and Public Policy 39, 6 (2012): 722 – 731.
④ Frusciano Thomas J., "An Agenda for the Future," Journal of Archival Organization 7, 4 (2009): 145 – 147.
⑤ 何亭：《科学传播下科学家的作用》，《人力资源管理》2015 年第 6 期，第 197 ~ 198 页。

笔者认为这两种态度虽持相反的观点，但他们皆对科学传播的重要性予以肯定，且提出了科学传播中的两种策略：一是能力提升策略，即以科学家为着力点，向其传授科学传播技术与方法，提升科学家的科学传播、交流能力；二是职业化建设策略，以科学传播者为着力点，向其传授专业的科学知识，提升传播专家的学科能力。然而无论持何种观点，在讨论科学传播时都强调对培训方法的研究。考虑到这种意见背后的辩论，本文对我国科学家面向公众开展的科学传播活动进行调查，以期了解我国科学家开展科学传播活动的现状，同时借鉴欧洲各地支持科学家开展公共交流的举措，提出以培训为切入点的相应对策与建议。

一 科学家开展科学传播活动的问卷设计与调查

（一）问卷设计

问卷是基于国际合作项目调研问卷的基础上，在不改变原意的条件下，做了适合中国情境的调整。问卷分为五大类别，具体如表1所示。

表1 问卷五大类别

原始提法	本土化的更改
A块(什么)——由研究机构(RIs)进行的传播活动	开展的科学传播活动(5)
B块(向谁)——研究机构指定的受众	研究机构传播面向的受众群体(6)
C块(谁)——研究机构的PE资源	科学传播经费(4) 研究机构科学传播人员情况(8)
D块(为什么)——基本原理、认知及社会思潮	对科学传播工作的认知(5)
E块——关于研究机构/SOCIO－DEMO的基本信息	研究机构/基本信息(4)

注：( )中的数值为该类问题的数量。

（二）抽样设计

本文系统收集了中国大陆范围内96所大学和183所中科院、社科院等研究机构官网上列出的研究中心信息。经过筛选，得到1915所研究中心的完整信息，形成样本集。按照OECD的分类标准，将样本集分为自然科学、工程和技术、医学和卫生科学、农业科学、社会科学、人文科学六个研究领域的子集。并在此基础上，按照以下原则进行抽样。

（1）采用按比例分层抽样的方法，每个子集中抽取50%的研究中心，计算出6个样本子集分别需要抽取的样本数Si。

（2）在6个样本子集中采用配额抽样的方法，保证每个在该领域有研究中心的高校至少有1个研究中心入选，获得样本数Ni。

（3）通过简单随机抽样的方式在剩下的样本子集中抽取Si-Ni个样本，组成最终的样本。

（三）抽样结果

本次调研采用了问卷调查法的主观提供与网络抓取的被动获取相结合的方法。调查问卷于2018年5~9月，向全国30个省、96所高校（大学）中的1915所研究中心（科研机构）、183所研究院所发放了网络调查问卷，其中有418所大学中的科研机构以及183所研究院所，共601家单位参与了本次调查。同时对于问卷填写不完整的部分采用网络抓取的方式进行了补充与验证。参与机构学科类别及地域类别如表2所示。

表2 参与机构学科类别及地域类别

单位：所，%

实验室类别	机构数	占比	地域类别	机构数	占比
自然科学类中心	84	14.0	东北	22	3.7
工程和技术类中心	287	47.7	华北	186	30.9
医学和卫生科学类中心	37	6.2	华东	222	36.9
农业科学类中心	54	9.0	华南	37	6.2
社会科学类中心	91	15.1	华中	29	4.8
人文科学类中心	48	8.0	西南	48	8.0
—	—	—	西北	57	9.5
合计	601	100	合计	601	100

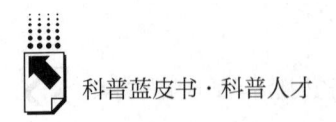

二 大学和科研机构开展面向公众科学传播态度与困境

总体上,当前我国大学和科研机构面向公众开展科学传播局面较好,科学传播保障、科学传播活动组织等方面都在逐步改善;但是在具体保障措施、科学传播活动策划等方面还存在提升空间。

(一)大学和科研机构开展科学传播的现状

1. 大学和科研机构对科学传播工作的认知度较高

数据显示,大学和科研机构有相应的宣传制度或计划,对国家科学传播和科学政策表示支持并积极鼓励科学家参与科学传播。91%的机构都有临时或长期的科学传播、参与或宣传政策;97%的机构都具有科学传播、参与或宣传行动计划;99%的机构都期望研究人员参与科学传播;97%的机构都能积极参与、响应国家科学传播或科学文化政策,即使内部没有具体的科学传播、宣传计划或政策的机构,也能与公众保持必要的联系(见图1)。

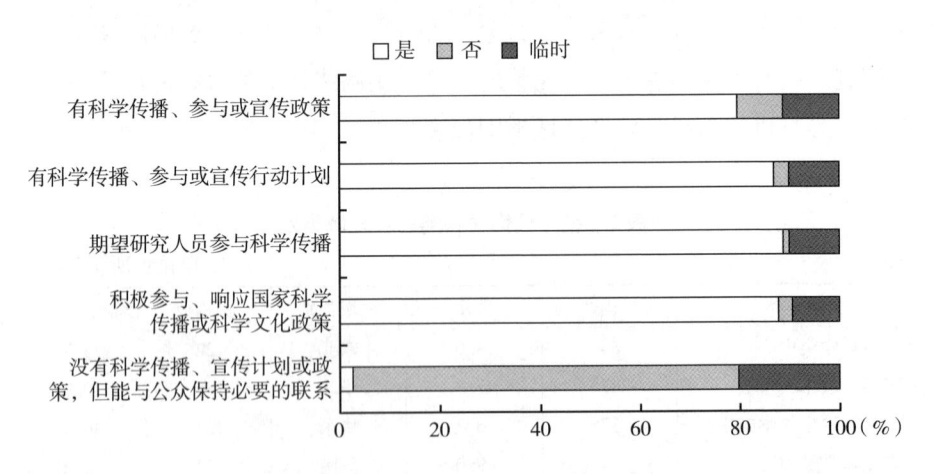

图1 被调查单位科学传播计划的制定情况

2. 大学和科研机构欢迎公众参与科学研究

从大学和科研机构对待公众的理念上看,被调查的大学和科研机构对公众参与科学具有较积极的态度。这些都说明被调查的大学和科研机构希望能够为公众提供更好的科学传播服务，有良好的愿景。详细内容如表 3 所示。

表3 被调查机构对公众参与科学持有的态度

单位：%

选项	反对	中立	同意	非常同意	不确定
根据公众的诉求，确定科学传播的方式与方法	0	5	90	1	4
希望公众能够更积极地参与我们研究所所做研究的决策	1	26	68	0	4
希望公众能够更积极地参与研究意义的讨论，但不必参与研究方向相关的决策	1	35	54	1	8
公众相信科学及科学工作者	0	23	72	1	5
未受过科学教育的公众也可以参与讨论我们的研究意义	1	21	72	0	5

3. 大学和科研机构对实际开展的科学传播活动了解不足

有 68% 的被调查单位对本单位科学家参与科学传播活动的参与率并不清楚。有 32% 的被调查单位对单位科学家参与科学传播活动的情况了解得十分清晰。而其中 71% 的科学家参与率小于 5%。说明，一是单位对科学传播活动的实际开展情况欠缺跟踪和了解，没有对相关问题进行系统的梳理；二是科学家的参与率较低。

（二）科学传播资源保障有待强化

1. 缺乏专门的科学传播部门

调研发现，很多科研机构重视科技创新人才的团队建设，但是对于引进科学传播管理人才的重视不够，导致科学传播工作缺乏专门的从业人员。除中科院外大多数科研机构没有专门的科学传播管理部门。大学中的科学传播部门挂靠在科技处，没有明确的组织，科学传播工作难以有计划地开展。

2. 科学传播人员缺乏科学传播训练

被调查大学和科研机构中，只有 11 家单位的科学传播人员具有传播学硕士学位，有23家单位的科学传播人员参加过传播研讨会培训班，剩下的中心都未录入数据。总的来看，有43%的科学传播人员通过多种渠道获得了从事科学传播所必要的技能，有57%的科学传播人员未参加过相关传播能力的正式培训。科学传播人员的传播技能欠缺，可能会导致科学传播效果不佳。

3. 科学传播经费受挤占现象较为严重

无论是在科学传播经费筹集额还是预算占研究机构总费用上，绝大多数的被调查机构对此情况并不清楚。对该问题明确回答的单位中，有25%的被调查机构筹集额占研究机构总费用的6%～10%；而在预算上，要么不清楚，要么实际比重明显下降，13%的被调查机构预算额都低于筹集额比重。这说明即使是对科学传播活动较重视的单位，在实际操作上，也没有专门设立科学传播经费的概念。

（三）科学传播利益相关方参与情况不均衡

1. 科学家不参与科学传播活动更多是因为缺少时间或机构支持

问卷中针对科学家不参与科学传播活动的原因涉及是否有时间参与、工作报酬、机构支持、职责划分、公众兴趣和自己能力等方面。93%的研究机构对这个问题没有给出明确的回答，显然这些机构在编制岗位职能配置上没有给科学传播活动留出空间。在7%的回答中发现，科学家不参与科学传播活动并不是因为觉得科学传播活动不重要，更多是因为没有时间参与。

2. 科学传播活动组织方投入程度决定活动效果和质量

被调查大学和科研机构在开展科学传播活动时很少外包，印刷排版、增强数据可视化、平面设计、传播、网站制作以及维护大部分由机构自己完成，说明目前科学传播活动仍依赖于主办单位，其重视程度与科学传播的效果和质量正相关，重视度越高，科学传播活动的影响范围越广，传播效果越好。

3. 媒体与科研人员缺乏常态化联系

媒体或记者与被调研机构科学家联系时，60%都是与科学家直接联系，很少需要科学家所在机构的行政参与，虽然这提供了联系的便利，但缺乏统一组织管理，达不到规模化、常态化，影响该机构科学传播的整体效果。

三 欧洲大学与科研机构开展科学传播培训现状及先进经验

(一)国外大学与科研机构开展科学传播培训的困境

国外一些学者也开展了相应的调查工作。对欧盟成员国的公众进行调查,当被问及他们是否更喜欢由记者或科学家提供科学信息时,27个成员国中有52%的受访者表示他们更喜欢科学家,20%的受访者选择记者,其中希腊对科学家的喜欢程度最高,达到73%,奥地利对科学家偏好最低,仅达到24%。虽然对科学家偏好之间存在巨大差距,但总体来看,公众更希望听到科学家的声音、了解科学家的科学思维模式,希望能够与科学家面对面。

英国皇家学会发现,在接受调查的科学家中,超过一半的英国科学家表示他们从事某种形式的公众传播,75%的人自认为可以将自己最新的研究成果较好地传递给公众。进一步研究发现,有84%的人没有接受过与公众沟通的培训,有90%的人没有受过与媒体打交道的培训。他们试图得到研究资助者或所在机构的支持,这样他们可以在公众交流上投入的更多一些。[①]

爱尔兰制定了科学、技术和创新政策(爱尔兰政府,1996)。在政府资助的"发现科学和工程"方案下,许多科学家和工程师参与了公共活动,活动的主体是科学家所在的机构,对于科学家如何做好科学传播的指导很少。

上述调查的结果说明,多数公众期待科学家提供科学信息;超过半数的英国科学家参与公共传播,但传播效果并不理想。原因在于科学家缺乏公共

---

① Wellcom Trust, *The Role of Scientists in Public Debate* (London: The Wellcom Trust, 2001), 1–50.

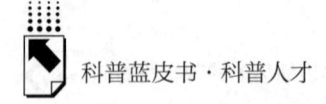

传播技能，这一调查结果与我国相似，都面临着因为科学家缺乏足够的传播技能所以科学传播的效果不尽如人意的状况。因此，欧洲开展科学传播的经验对中国有巨大的借鉴意义。

（二）多层次助力科研团队进行科学传播

欧盟各国尝试从国家层面、欧盟层面、高校与科研院所层面以及研究委员会层面开展一系列工作，并取得了较好的成效，主要表现如下。

1. 国家层面高度重视科学传播培训工作

在许多国家，促进科学家开展公共交流的责任下放给国家相关部门和高等教育机构。欧洲各国政府在塑造科学传播方面的干预程度有很大差异。

在英国，议会上议院发表了一份具有里程碑意义的科学和社会报告《上议院科技专责委员会2000》。联合国政府科学和技术办公室（2003）将其作用界定为：鼓励与研究资助者合作，确保鼓励科学家与公众接触，并为他们提供适当的培训。在这项战略中，政府承认科学传播培训的重要性，但将培训工作委派给研究委员会。科学和媒体专家组（2010）向联合国商业、创新和技能部报告时建议：一是由科学媒体中心为科学家提供新的培训课程；二是在英国科学协会的研究基金方案下为科学家提供更多的媒体研究基金。科学媒体中心和英国科学协会都是非政府机构。

德国政府通过奖励计划鼓励科学家进行公共交流。西班牙、丹麦、挪威和比利时政府支持通过门户网站传播研究成果，并向科学家提供公共传播方面的指导。在荷兰，通过立法、正式声明和设立国家资助来促进科学传播。2003年"丹麦大学法"中正式规定：大学应与社会合作，为国际合作的发展做出贡献。

法国于2007年颁布的《大学自由和责任法》承认，"传播科学技术信息和文化"是高等教育的六大使命之一，许多大学设立了机构来开展和支持这项工作。法国参议员的报告呼吁大学和研究机构指派一些人员进行公共交流，并在职业发展中认可这项工作。然而，报告中并没有提到必须通过科学传播专业培训才能令科学家更好地进行公共交流。①

总之，欧洲各国政府对科学家公共传播予以支持，并通过立法在宏观政策层面予以规定，主要是面向科学家在传播模式下的传播能力建设，但在实际执行时在一定程度上被弱化，并转移给了其他人。

2. 欧盟委员会积极开设科学传播相关培训

欧盟委员会作为欧盟执行机构，其负责欧盟各项法律文件（指令、条例、决定）的具体贯彻执行，以及预算和项目的执行。欧洲联盟委员会还对科学和技术的态度进行了（欧洲晴雨表）调查，这对委员会、各国政府和其他行为者在制定公共传播战略方面起到了非常重要的作用。

欧盟的框架计划（2004）包括一个题为"提高公众对科学和技术的认知"的项目（欧洲联盟委员会，2003），该项目从国家层面确定了科学交流意图。另一个是相关的科学和社会行动计划（欧洲联盟委员会，2001），建议"促进科学和教育文化""使科学政策更贴近公众""科学家的社会责任置于政策制定的核心"。这些都是对科学研究界和广大公众之间参与和对话的承诺。

欧盟资助的两个项目也提出了类似的观点。一是在优化公众对科学的理解（Opus）项目上编制了一本手册，帮助那些参与科学传播的人掌握科学传播方法。二是欧洲科学传播教师网络以科学和社会讨论中的对话和辩论主题，为科学传播方案编写了教材（ENSCOT 小组，2003）。ENSCOT 还为短期科学交流讲习班编写了材料，这些材料在后来的一个项目——欧洲科学通信网络（ESConet）中得到进一步发展。这些培训可以较好地满足大多数科学家向大众媒体投稿、参加电台采访以及更多以对话为导向的科学传播需要。② 培训还包括风险沟通、向决策者做报告等技能，强调科学家需要培养

---

① Mejlgaard N., Bloch C., Degn L., Ravn T., "MASIS National Report-Denmark 2011," http://www.masis.eu/english/storage/publications/nationalreports/masisnationalreportdenmark/, accessed 6 November 2012.

② Miller, Steve, D. Fahy, and T. E. Team, "Can Science Communication Workshops Train Scientists for Reflexive Public Engagement? The ESConet Experience," *Science Communication* 31, 31 (2009): 116.

积极倾听同行意见的能力,以促进社会对话。

可以看到,欧盟委员会在直接和间接地支持科学家开展公共交流方面发挥了重要作用。它的直接活动倾向于以传播为导向,它的间接活动为科学的社会对话提供能力建设模式。

3. 高等教育机构广泛参与科学传播能力建设

在过去20年中,欧洲一些大学将科学传播作为教育和研究的一门学科,并作为机构实践的一部分。一是培养科学传播专业硕士,他们设置了50门硕士学位课程,提供科学传播的资格,并为科学中心、科普出版社、网站、大学和研究所以及其他渠道培养专门人才。二是例如法国里昂大学,其科学和社会小组对学术人员和博士生进行公共传播领域方面的培训,丹麦的大学对其理科学生进行介绍和传播方面的培训,并由学者为学校提供讲座。[①]

总之,活跃在这一领域的欧洲高等教育机构通过以传播为主的能力建设活动支持科学家的公共交流;而在少数情况下,则通过不同程度的以传播和对话为导向的专业化方案来支持科学家的公共交流。

4. 研究委员会和其他协会是科学传播培训的主要力量

许多欧洲国家的研究理事会和其他研究资助者对资金接受者在项目中予以明确,要求其开展传播或对话活动。一些研究理事会还通过奖励计划激励这些活动,并通过培训方案支持这些活动。英国五个研究委员会的研究[②]发现所有理事会都直接提供培训,或让其他人参与培训,或向参加培训课程的科学家提供财政资助。在瑞士,国家科学基金会鼓励就科学发现和科学问题进行公开辩论,促进科学家和有关团体之间分享知识,并支持开放获取研究成果。在卢森堡,国家研究基金为科学家举办讲习班,帮助他们清晰地向儿童、青少年和非专业公众介绍他们的项目。

[①] Mejlgaard, Niels. "The Trajectory of Scientific Citizenship in Denmark: Changing Balances Between Public Competence and Public Participation." *Science & Public Policy* 36, 6 (2009): 483-496.

[②] Pearson, Gillian, S. M. Pringle, and J. N. Thomas, "Scientists and the Public Understanding of Science," *Public Understanding of Science* 6, 3 (1997): 279-289.

在德国，研究资助者鼓励科学家通过奖励计划开展讲座，并提供50000欧元的经费支持。德国基金会罗伯特·博什基金会和克劳斯·奇拉基金会为研究提供资金，并通过培训方案和奖励计划支持科学传播倡议。

英国科学协会通过一年一度的"艺术节"支持科学家参与公共对话，这是一次多学科的科学会议，其主要目的是让广大受众了解当前的研究，并通过其面向年轻科学家的视角开展，使科学家认识到，传播与批评可以帮助科学家从不同的角度看待科学家的研究课题。[1] 它还通过其媒体研究金计划提供资助，使科学家们在报纸或广播记者的指导下，沉浸在媒体世界中。以前的科学家已经证实，这一经历是令人兴奋和开阔视野的。

总之，国家资助的研究委员会积极支持科学家的公共交流，主要是通过能力建设课程的传播导向培训。支持研究和科学交流的基金会和慈善机构提供了类似的支持，但也帮助提升科学家进行公开对话的能力。

四 促进我国科研团队开展科学传播的对策与建议

多元化的参与主体已经成为当代科学传播的一个显著特征。[2] 借鉴欧洲的经验，基于我国公众对科学家、科研团体信任度较高的基础，[3] 扎根中国科研团队开展科学传播的情境，我们深入研究了四个主要行为体在支持科学家公开交流方面的作用，提出以下建议。

（一）政府决策应明确政策导向，倾向于强调传播活动

在当代科技发展的背景下，大学和科研机构的科学传播呈现由自发性推

---

[1] Hillier N., Cheng D., Metcalfe J., Schiele B., "Perspectives: Scientists Communicating the Social Context of Their Work," *At the Human Scale-International Practices in Science Communication*, Bejing Science Press (2006): 265 – 272.

[2] 赵立新、王黎明：《科学传播中利益相关者的立场及规范研究》，《自然辩证法研究》2014年第12期，第74~79页。

[3] 向倩仪、楚亚杰、金兼斌：《公众信任格局中的科学家：一项实证研究》，《现代传播（中国传媒大学学报）》2015年第6期，第46~50页。

动变为全社会共同参与的发展态势。国家和政府应该积极参与管理科学传播事业，为其提供基本的制度框架和政策环境，建立相应的管理体制，有效配置科学传播资源，以保证科学传播事业健康、稳定、持续发展。①

因此中国有必要将大学和科研机构整合起来，建立一个国家级科技传播网络，承担知识传播与技术扩散的任务，服务于知识创新系统与知识应用系统，提升国家创新体系的运行质量。

（二）中国科协要设立专项传播项目，加强科学传播能力建设

中国科协及相关主管部门需要资助一些专门用于"传播"的项目，为前沿科学与热点科学提供配套的传播经费。除了提供经费外，更多的是对这些项目的相关人员提供专业化的传播培训，以发出有代表性的积极声音。对科学家进行交流培训的目的不仅在于提高科学家讲故事的能力，更重要的是要促进公众科学素质的提升。科学传播方面的学术教育需要保持广阔和批判的视角，而不局限于职业培训。

总的来说，作为国家层面，关注的重点应放在科学传播方面。一是鼓励与引导科学家关注公共交流，引发科学传播的兴趣。二是提供专业化的传播技能，为科学家在进行科学传播时提供有力支撑。三是提供科学文化氛围，让科学家的活动得到极大认可。

（三）高等教育机构需做好资源整合工作，切实落实科学传播责任

以高校和科研机构为抓手，通过主要针对传播的培训支持科学家的公共交流活动，并在选定的情况下提供有助于科学传播的专业化的方案，并至少面向对话和传播。

从制度层面强化大学和科研机构进行科学传播的使命感。科学发展进步

---

① 翟杰全：《宏观科技传播研究：体制、政策与能力建设》，《北京理工大学学报》（社会科学版）2004年第3期，第22~25页。

和科学传播是创新社会发展的两翼，二者都是大学和科研机构所承担的使命。目前大学和科研机构在落实科学传播使命时，需要强有力的制度相配套。从科学、行业的背景出发，在科学传播人才培养、科学传播制度建设、科学传播激励机制等方面实现机制和制度的创新。明确科学传播的职能定位，研究制定总体规划和实施细则，按照计划做好传播工作，明确科学传播的工作重点和要点，将科学传播工作落到实处。

在整合资源做好传播工作中，中科院在此起到很好的示范带头作用。中科院专门成立了中国科学院科学传播局，下设综合协调处、新闻联络处、政务信息处、科普与出版处，负责对院属单位科学传播工作进行宏观指导与综合协调，对国内外重要创新成果、前沿科技进行传播，重大科普活动的策划，舆情调研与管理，科普与出版管理等工作。参考中科院的做法，进行如下的机构模式变革。

大学集成模式：各大学可以参照中国科学院的做法，在学校设立科学传播处（专人），对校内的专业、实验室等资源进行统一的协调，并且将科学知识体系、科学传播手段、平台与资源、科学传播人才队伍等方面的资源进行整合，从而形成一体化的传播体系、有序的组织结构和完善的管理体制。以此作为大学科学传播的出口，承担大学的科学传播社会责任。

（四）学会带头设立科学传播处，充分发挥行业引领作用

以全国学会为抓手，形成专项工作机制，设立部门，配备专职工作人员，使科学传播以有组织、有计划、更专业化的形式开展。截至2017年底，已经有29个学会设立专门的部门，85个学会拥有专业委员会，共组建了156个科学传播专家团队，共推荐396名专家成为全国首席科学传播专家。为科学传播的专业化发展打下组织体系基石。各学会充分利用现有的组织体系和网络的力量，充分发动专业委员会、地方学会、工作委员会，理事单位、个人会员、单位会员等强大的智力资源，通过技术、人才、资金、信息等资源要素的交流共享，进行基于行业的科学传播技能培训，向专业化、精深化迈进，发挥行业学会的引领作用。

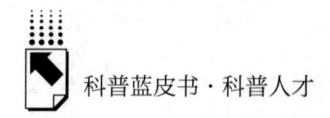

刘华杰[1]提出科学传播研究"只有基本搞清了该传播什么，才谈得上如何有效地传播"。科学传播的内容也非常宽泛，不仅仅是科学知识、科学精神、科学方法、科学思想，社会文化内容也在科学传播的范围之内。[2] 无论是与日常生活有关的事物还是与人相关的事物，都可以成为开展科学传播的引擎。大学和科研机构中的科学家在科学传播中最擅长的就是对科学知识的正确解读。要正确引领公众的思维，科学知识不应被"推给"公众，相反，要帮助公众融入科学传播工作中来，实现双向沟通，构建和谐的科学传播系统，实现多方价值共创，促进科学传播事业稳定发展。

---

[1] 刘华杰：《科学传播的三种模型与三个阶段》，《科普研究》2009年第2期，第10~18页。
[2] 莫武兴：《论科学精神与人文精神的融合》，广西大学硕士学位论文，2004，第4页。

专业科普人才培养篇

Training of Science Popularization Professional

B.5
基于"科技小院"的科普人才培养模式探索

孙朝阳 郑毅 高淑环*

摘　要： 本文对中国农业大学基于"科技小院"的科普人才培养经验进行梳理，对"科技小院"产生的背景、概念、基本构成、主要工作和取得的成果进行分析，提炼出"科技小院"高层次农业科学人才培养方案和农村科普人才培养方案，总结了基于"科技小院"的科普人才培养模式的优势，并就当前高层次农业科普人才培养和农村科普人才培养面临的挑战提出有针对性的对策与建议，为高层次农业科普人才培养和农村科普人才培养提供经验借鉴。

---

* 孙朝阳，东北大学秦皇岛分校科学教育研究中心副教授，研究方向为科普人才理论；郑毅，东北大学秦皇岛分校经济学院，研究方向为科普人才理论；高淑环，东北大学秦皇岛分校科学教育研究中心实验师，研究方向为科普人才评估。

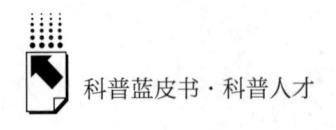

关键词： 高层次农业科普人才　农村科普人才　"科技小院"培养模式

一　相关概念界定

近年来在农业科技示范推广工作中，中国农业大学提出的"科技小院"模式在农业科普人才培养方面发挥了巨大的作用。中国农业大学基于"科技小院"的培养模式，培养了农业专业学位研究生和科技农民。[①] 农业专业学位研究生具备了农业科学技术知识，投身到农技推广工作中，超过一年半的时间在农村从事针对农民的科学普及工作。在目前科普人才体系中，需要界定这样的农业专业学位研究生隶属于哪种科普人才类型。本文在高层次科普人才定义基础上，提出了高层次科普人才体系，包含高层次科普专门人才和高层次行业科普人才；随后在这一科普人才体系中，指出高层次农业科普人才隶属于高层次行业科普人才，明确了高层次农业科普人才的定位。科技农民在农技推广工作中，做出了很大的贡献，归类于农村科普人才。

（一）高层次科普人才

科普人才具有不同的层次与分类，具体如图1所示。

1. 高层次科普人才的组成

高层次科普专门人才和高层次行业科普人才共同构成高层次科普人才。

2. 高层次科普专门人才

根据《推进培养高层次科普专门人才试点工作方案》，教育部、中国科协自2012年起选择部分高校和科技场馆，联合开展培养高层次科普专门人才试点工作，培养科普方向专业学位硕士研究生。在上述高层次科普专门人才的定义中，高层次科普人才是指具有硕士及以上学位的科普人

[①] 张宏彦、李晓林、王冲等：《科技小院——破解"三农"难题的曲周探索》，中国农业大学出版社，2013，第25~26页。

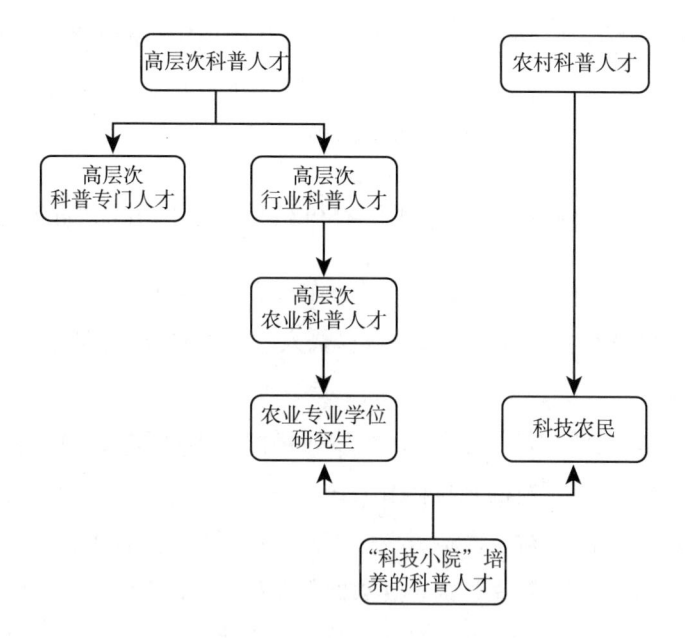

图1 "科技小院"培养的科普人才

才，专门人才强调研究科学传播领域的基础理论、传播技术和方法。

3. 高层次行业科普人才

相应地，本文提出"高层次科普行业人才"概念，它是指具有硕士或硕士以上学位的科普人才，具备特定行业科学技术知识以及科学传播技术和方法，能够应用科学技术传播方法和手段示范推广所在行业的特定科学知识和技术。

4. 高层次农业科普人才

高层次农业科普人才是高层次行业科普人才的一种，是指具有硕士或以上学位的科普人才，掌握了农业科学技术知识及其传播技术方法，从事农业科学技术知识示范推广等工作。

高层次科普人才、高层次科普专门人才、高层次行业科普人才、高层次农业科普人才的关系如图1所示。

5. 农村科普人才

农村科普人才，是指面向农村进行科学技术传播与普及工作的科普人才，包括农业管理部门的科普专职人员、农技咨询协会的工作人员等。农村科普人才的规模扩大与质量提升，对实现现代化农业发展、提高农民科学素质、带动农业经济发展，发挥着重要作用。[1]

（二）高层次农业科普人才与农村科普人才培养面临的挑战

高层次科普专门人才的培养试点工作自2012年开始已进行了7年，取得了丰富的培养经验。在高层次农业科普人才培养领域，实践探索和理论研究方面的成果都很少。

加强农村科普人才培养力度，扩大农村科普人才的规模，对于农村生产建设具有重要的意义。现行的农村科普模式单一，科普活动宣传推广的农业科技知识并未实际应用。在确保农业科技知识是农民所需的条件下，导致农技实际应用不足的原因很多，首先是缺乏既掌握农业科技知识又深入了解农业生产实践的高层次农业科普人才；其次是缺乏足够规模的农村科普人员。缺乏稳定有力的农业科普人才队伍，导致先进的农业科技成果无法有效地与当地农业生产实践相对接，先进科技成果无法发挥作用，当地农业经济无法获得拉动和提升。

尽管如何培养农村科普人才在理论和实践上都是亟须解答的问题，但是在农村科普人才培养这一领域，无论是实践探索还是在理论研究方面，所做的工作以及有价值的成果并不多。在理论上，中国农村科技编辑部提出发挥科普惠农作用，造就新型农业农村人才；[2] 在实践上，宁夏扶贫工作队分析了加强农村科普人才培养对农业经济发展具有的价值、意义，探讨了开发农村科普人才的策略。[3]

非常可喜的是近年来在农业科技示范推广工作中，中国农业大学提出的"科技小院"培养模式发挥了巨大的作用。截至2019年3月，"科技小院"共

---

[1] 郑念、任嵘嵘、张丽梅等：《2013年中国农村科普人才队伍建设发展报告》，载郑念、任嵘嵘主编《科普蓝皮书：中国科普人才发展报告（2015）》，2016，第113~125页。

[2] 中国农村科技编辑部：《科普惠农培训：造就新型农业农村人才》，《中国农村科技》2012年第3期，第41~43页。

[3] 张杨：《强化基层科普人才培养 助力农业经济发展》，《现代经济信息》2018年第17期，第117页。

招收培养了419名研究生。[1] 截至2015年12月底,已有83名研究生共进入500多个村,开展培训1000余场,培训农民50000多人,培训科技农民100多人。[2]

作为解决农业技术推广"最后一公里"难题的关键举措,"科技小院"既是综合配套农业技术创新的服务体系,又是技术创新、示范推广与人才培养的平台。目前针对"科技小院"的实践探索举措,学者们的研究角度主要包括"农业专业研究生培养"[3][4]、"农业科技推广新模式"[5][6] 和"农业技术创新服务体系"[7]。

从科普人才培养角度看,高层次农业科普人才培养和农村科普人才培养是"科技小院"重要的成果。尚无学者从科普人才培养角度对"科技小院"进行经验总结。他山之石,可以攻玉,本文从科普人才培养视角出发,总结"科技小院"高层次农业科普人才培养和农村科普人才培养的经验,为高层次农业科普人才培养和农村科普人才培养提出可行的政策建议。

二 "科技小院"的源起

(一)"科技小院"产生的背景

2009年,借着"曲周县——中国农业大学高产高效万亩示范基地"建

---

[1] 全国农业专业学位研究生教育指导委员会:《人才培养紧扣国家战略,科技小院助力脱贫攻坚》,http://www.mae.edu.cn/infosingle Article.do? article I d = 13439 & column I d = 11486,2019年3月11日。

[2] 《推广"科技小院" 实现农业绿色增产增效》,http://www.xinhuanet.com//food/2018-07/12/c_1123114341.htm,2018年7月12日。

[3] 张宏彦、王冲、李晓林等:《全日制农业推广专业学位研究生"科技小院"培养模式探索》,《学位与研究生教育》2012年第12期,第1~5页。

[4] 黄玉芳、叶优良、汪洋等:《基于科技小院的研究生实践基地建设与人才培养探索》,《中国校外教育》2018年第30期,第81~83页。

[5] 熊春文、张彩华:《大学公益性农技推广新模式的探索——以中国农业大学"科技小院"建设为例》,《北京农学院学报》2015年第4期,第133~136页。

[6] 赵紫燕、吴宜超、饶静:《以大学为依托的农业科技推广新模式分析——"科技小院"的调查与思考》,《安徽农业科学》2015年第21期,第318~320、323页。

[7] 田净、刘全清、张宏彦:《"三八"科技小院针对我国农村妇女的创新农业技术推广之路》,《河北农业科学》2015年第2期,第95~98页。

设的契机，中国农业大学教授张福锁团队带领中国农业大学师生进驻河北省曲周县白寨乡农家小院，坚持零距离、零门槛、零费用、零时差地为农户及生产组织提供服务，积极引导农民进行高效生产，促进资源高效利用，从而实现"双高"（作物高产和资源高效）目标。这样既提高了广大农民的收入，又推动了农村文化建设和农业经营体制变革，是探索现代农业持续发展的必经之路，是建设在农村生产一线，集农业科技示范推广、创新和人才培养于一体的基层科技服务平台，"科技小院"由此诞生。

（二）"科技小院"的核心要素

"科技小院"主要包括科技人员、活动场地、科技宣传设施、科技服务设备、核心示范方、试验田、科技培训设施和科技农民。

活动场所一般安排在村委会或者农民家里。

科技人员一般包括大学教师、研究生、县乡农技员。

科技宣传设施主要包括科技长廊、科技胡同、科技喇叭、示范标牌和标语、宣传展板。

科技服务设备主要包括科技小车、速测工具和数码相机。

核心示范方是为了展示高产高效农业技术成果，满足农民群众"眼见为实"心理需求的示范田。

试验田是为了实现高产高效技术从试验站走向农户地块的目标，进行技术校验、集成和本地化的地方。

科技农民特指在农民田间学校学习过，受到"科技小院"系统培训，掌握了当地主要作物体系生产技术，有志于从事农业科技示范推广工作，生活在"科技小院"覆盖区的村民。

科技培训设施主要包括室内培训场所、田间培训场所。

（三）"科技小院"开展的工作

科技小院的科技人员主要工作内容包括：深入基层、融入干部群众，实现科技人员和当地农民相融合；针对小院所在区域主要作物体系进行农业生产调研；针对调研发现的生产问题开展技术集成研究，形成技术模式，并根据当地的农业生产环境条件，对技术模式进行简化、物化和科技化，实现"本地化"；进行农业高产高效技术的示范推广，包括高产高效农业技术效果展示、技术宣传、科技培训、规模化生产方式的监理、技术服务和大面积示范推广；进行人才培养，最主要的内容是研究生的培养、科技农民的培养，以及当地农民的培训。

（四）"科技小院"取得的成果

"科技小院"产生于农业科学技术高产高效的示范推广应用以及高产高效示范基地建设中。"科技小院"有效地解决了中国农业生产存在的三个脱节问题：首先是农业科技人员与耕种的农民脱节；其次是农业生产和农业科学技术研究脱节；最后是具有热爱农业情怀的农业人才需求与具有实践能力和农业情怀的农业专业领域毕业生太少之间的脱节。

"科技小院"在提升农业发展质量和推进乡村绿色发展方面取得了显著成效。

首先，实现了专家和农民的零距离。中国农业大学的师生在村里的"科技小院"里，和本村的农民群众一样生活，融入农民群众生活中。师生随时跟农民进行交流，吃农家饭、干农家活，成为农民的朋友和自家人，与他们一起解决农业生产中的问题。

其次，实现了农业科学技术研究和农业生产的零距离。师生融入农民群众并给农民做咨询；可以做展示、做培训，跟农民一起做解决方案；可以在农民地里真正地实现技术应用，提高作物产量。除此之外，师生还在冬季农闲时期全覆盖入村培训，建立农民田间学校，对各村农民进行培训。

最后，培养了具有农业情怀的农业人才。"科技小院"坐落在乡村，"科技小院"的师生在"三农"一线开展科研、社会服务和人才培养，培养了有技能、有农业情怀的农业人才。

"科技小院"的三大核心功能，分别为农业科技创新、示范推广和人才培养，其中农业科技示范推广为重中之重。解决农业科技示范推广这一难

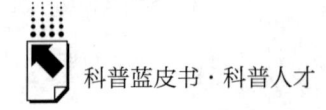

题，急需农业科普人才。正是在农业科技示范推广探索过程中，中国农业大学摸索出基于"科技小院"的人才培养模式。"科技小院"培养的科普人才主要包括高层次农业科普人才和农村科普人才两类。

截至2019年3月，科技小院共招收培养了419名高层次农业科普人才。截至2015年12月底，已有83名高层次农业科普人才共进入500多个村，开展培训1000余场，培训农民50000多人，培训科技农民100多人。

三 基于"科技小院"的高层次农业科普人才培养方案

基于"科技小院"的农业科普人才培养模式，是在"农业双高技术示范推广"项目推动下，以农业"双高"技术示范推广应用为目标，由高校依托农业专业学位研究生授权点培养高层次农业科普人才，在此过程中充分发挥高层次农业科普人才的科学传播作用，培养农村科普人才，培训农民，开展农业科技服务。

（一）高层次农业科普人才的培养

"科技小院"培养的高层次农业科普人才，是指在"科技小院"学习工作的农业专业学位研究生。他们既具有农业科学技术知识及实践能力，又具有科学传播技术方法，并投入一年多的时间从事农业技术示范推广等工作，是当之无愧的高层次农业科普人才。

农业专业学位研究生在农业科学技术示范推广工作中，起到桥梁纽带作用，地位非常重要。一方面他们自身作为具有农业科学技术知识的科学家，可以熟悉了解当地的农业生产实践；另一方面他们在做示范推广工作的同时，也培养了当地的农村科普人才。因此，农业专业学位研究生的培养是"科技小院"培养模式的核心所在。

（二）培养目的

培养以服务于农业技术示范推广为目标的高层次农业科普人才。他们既需要掌握某种农业科学技术,又要能够将该农业科学技术与当地的农业环境相契合,形成在当地行之有效的农业技术实施方案,并通过各种示范推广方式,使得农民能够接受、领会并能够成功落实新的农业技术实施方案。

(三)培养目标

高层次农业科普人才应掌握拟推广的农业科学技术理论知识,应熟悉了解当地的农业生产环境和农民的生产方式方法,应熟悉了解当地农民的农业科技水平,应掌握各种农业技术示范推广的方式方法,应具备帮助农民落实农业生产技术实施方案的能力。

(四)培养过程

培养过程包括:熟悉农业生产环境的实践环节;学习掌握农业科学技术知识及农业科技示范推广技术的理论;深入农业生产一线,开展农业科学技术推广方案制定和实施环节;硕士学位论文写作和答辩环节。

1. 农业生产环境的认知实习

为了让高层次农业科普人才能够熟悉农业生产环境,每年9月份入学的研究生,在4月份拟录取后,即被要求进入"科技小院",做好一个"农民",在同样的环境下与当地农民同吃同住同生产,了解当地的农业生产环境。

在此期间,一方面研究生是作为"实习农民",熟悉环境,既要熟悉农村的现状,又要熟悉当地农村的农业生产实际,从而为发现在当地适用的拟推广的农业科学技术做需求调研准备工作。另一方面研究生是作为高层次科普人才,提升农业科学技术理论联系实际的能力。研究生在田间地头接受导师、县乡农技员和当地农民的农业生产指导,从而拓展"知行合一"的视野,提升理论联系实际的能力。此实践环节的知识流向如图2所示。

通过熟悉农业生产环境,高层次科普人才增进了与当地农民的感情。通

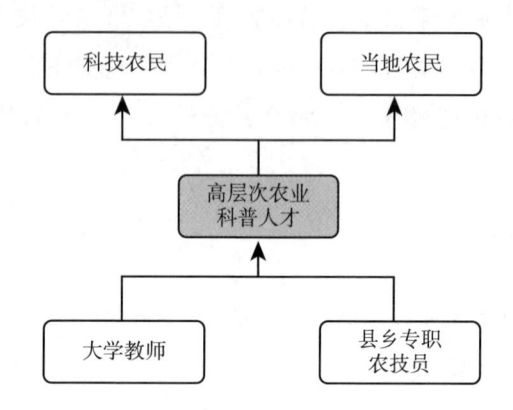

```
        科技农民          当地农民
           ↑                ↑
           └──── 高层次农业 ────┘
                 科普人才
                    ↑
           ┌────────┴────────┐
        大学教师          县乡专职
                          农技员
```

图2　农业生产环境认知实习中农业科技知识流向

过同吃同住同生产，高层次科普人才与农民朋友没有了隔阂，互相结识，增进了信任和了解。农业技术的推广不仅仅是农业科学知识的传播，更重要的是相互信任和人文关怀。

2. 农业科学技术的理论学习

在熟悉了农业生产环境之后，研究生9月第一学期入学，回到学校，开展理论课程的学习。除了必修课程外，选修课程的主要内容围绕着拟推广的农业科学技术主题开展。

在第一学期返校学习期间，除了上述的农业科学技术知识的理论学习外，为示范推广农业科学技术，科学传播领域的内容成为学习的另外一个焦点。这些研究生不仅自己要学会农业科学技术知识，更为关键的一项工作，是将这些农业科学技术知识传播给当地的农村科普人才。因此，科学传播领域的示范推广技术是理论学习的两大支柱模块之一。

3. 研究生论文的选题

在熟悉了农业生产环境，学习了农业科学技术知识后，研究生根据前期农业生产环境中了解到的问题，结合所学习的农业科学技术知识，选择毕业课题的领域方向，为下一步进入生产一线进行具体研究奠定基础。所选择的课题来源于真实的农业生产一线，后期研究也在生产一线，始终与高层次农业科普人才的示范推广主旋律保持一致。

4. 科学研究与技术推广工作

研究生完成农业科学知识学习和示范推广知识的学习后，返回到"科技小院"，并深入农业生产一线，参与开展农业科学技术的示范推广工作。这一环节一般持续时间为 1~1.5 年。研究生在开展示范推广工作的过程中，开展课题研究。首先是论文开题，明确具体的研究课题，由学校导师、基地导师、县乡农技员（专职科普人员）和科技农民共同讨论把关。然后，所研究的课题就在农民的田里进行试验。课题的研究本身就是一个农业科学技术示范推广的过程。

在技术推广工作阶段，主要的技术推广工作包括：集成当地主要作物增产增效的技术体系，形成技术示范方案；建设农业技术展示区集中示范技术效果；在示范方建设的农业生产过程中，开展各种形式的农业技术宣传和农业技术服务；依托"科技小院"开展各种形式的农民农业技术科技培训，包括开设"农民田间学校"、研究生对"科技农民"进行系统的农业生产知识培训。

这一阶段的培养内容是高层次农业科普人才培养的核心内容。首先，高层次农业科普人才的科学传播职能的持续时间为 1~1.5 年，保证了高层次科普人才从事科学传播的时间。其次，培养与使用相结合，农业高层次人才边学习边实践，在实践中既发挥了科学传播职能，又锻炼了科学传播技能。最后，培养的农村科普人才，特别是科技农民，发挥出科学传播职能和作用，推进了农业科学技术的示范推广。

技术示范推广阶段"科技小院"的农业科学技术传播模式如图 3 所示。农业科学技术知识从大学教师、县乡专职农技员那里流向高层次农业科普人才，然后又从高层次农业科普人才那里流向当地农民以及作为农村科普人才的当地科技农民。科技农民不仅自己学习掌握了农业科学技术知识，同时也在向周围的农民传播农业科学技术知识。

5. 论文写作和答辩

经过了农业技术示范推广环节，完成了选定的特定课题的研究，研究生要总结课题研究阶段的研究成果和农业科学技术示范推广工作的经验，并在

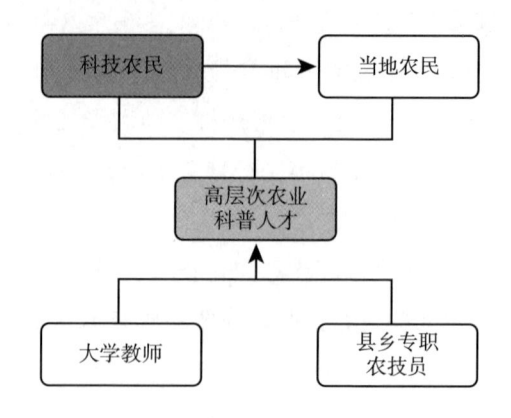

图3 技术示范推广环节的农业科技知识流向

此实践总结基础上，撰写硕士学位论文。在每年的4～6月，大约3个月的时间，研究生进入论文写作和答辩环节。

研究生撰写硕士学位论文这一阶段，刚好是新来的研究生熟悉农业生产环境的实践环节。通过"以老带新"的方式，形成高层次农业科普人才的"传帮带"机制，引导新来的研究生快速适应熟悉农业生产环境、帮助他们融入农村农业生活中去，是高层次农业科普人才的另一重要任务。

硕士学位论文的答辩工作在示范基地进行，由学校导师、基地导师、县乡农技员（专职科普人员）共同组成答辩委员会，欢迎科技农民（农村科普人才）列席旁听和提问。硕士学位论文的答辩工作成为农业生产技术示范推广工作的重要组成部分。

（五）高层次农村科普人才的农技推广职能

为发挥高层次科普人才的农业科技推广职能，高层次科普人才成为"四零"农民科技培训的主力军。"四零"农民科技培训体系是指"零距离、零门槛、零费用、零时差"的农民科技培训体系。主要包括"科技小院"咨询培训、科技长廊培训、入村培训、科技小院互动培训和田间示范观摩培训。

高层次科普人才是农民田间学校的主要师资力量。农民田间学校是为了培养科技农民，将农业科学技术留在农村大地上而建立的培训学校。培养科技农民是高层次农业科普人才发挥科普传播作用的重要途径。

高层次科普人才从事田间面对面指导服务、科技喇叭服务、科技小车和科技小黑板服务等多种技术服务。

四 基于"科技小院"的农村科普人才培养方案

"科技小院"培养体系中的农村科普人才是指"科技小院"所在地的科技农民。

在开展农业科技示范推广工作中，开展"四零"农民科技培训时发现存在如下的问题：培训频率低导致的培训效果不够持久；培训时间短导致的农民只知道怎么做、但是不知道为什么这么做；培训人员不固定导致的培训系统性差，难以培养高素质的农村科普人才。为推动农业科学技术示范推广工作的开展，高层次科普人才在示范推广工作中想出来培训"本土专家"的方法：在各个村找一批有热情、有一定文化的农民进行系统性的培训。这批"本土专家"就是科技农民。通过成立农民田间学校，培养科技农民，使其掌握农业科学技术，进而将这些农业科学技术辐射给乡镇农民。

主要的培训设施包括：必备的桌椅板凳小马扎、投影仪；培训资料展板；在示范田周边设立的科技长廊；配备的流动培训设备。

（一）农村科普人才的培养

在"科技小院"培养体系中，培养的农村科普人才是指科技农民。科技农民是指各个村里一批接受过系统性的培训、有热情、有一定文化的农民；他们作为"本土专家"，将所学的农业科学技术辐射给乡镇农民。

（二）培养目标

科技农民能够针对当地主要作物体系的生产问题、技术需求和农民需

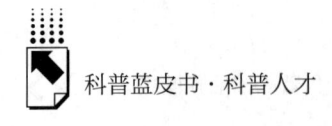

要，具备运用所学知识解决作物生产问题的能力和农业科学技术的示范推广能力。

（三）应具备的知识和能力

科技农民作为农民骨干，应掌握当地主要作物体系的农业生产基本知识、作物高产高效生产关键技术，应具备运用所学知识和关键技术解决作物生产问题的能力和示范推广的能力。

（四）培养过程

1. 学员招收

田间学校招收"科技小院"所覆盖村落的村民，且符合《农民田间学校章程》规定条件。一个田间学校一次招收15~20名学生。

2. 室内课堂学习

紧紧抓住本村生产实践中遇到的问题，根据学员的接受能力，辅导员通过课堂讲授农业科技基础知识、技术原理以及与之相关的一定比例的理论知识。每次讲课时间不超过30分钟，授课中积极引导学员讨论所学的知识点。

3. 田间实践教学

依托试验田开展的田间实践教学，目的是培养农民学员观察认知、实践动手能力。一般在辅导员的引导下，在科技农民自己的试验田中进行对比观测。

4. 观摩讨论教学

在作物生产关键时期，组织学员查看全村代表性地块的作物生产情况，分析存在的问题并就此展开讨论。

5. 外出参观教学

一方面是不同田间学校之间进行的参观教学；另一方面是参加一些与当地有关的大型农业活动，更新学员观念。

6. 课外活动

为培养科技农民的沟通传播能力，经常组织学员参加各种课外活动，如对比试验活动、迎宾交流活动、接待大学生体验农村生活、座谈会、茶话会等。通过这些课外活动，增强科技农民的沟通表达能力，提升科技农民的科技传播能力。

7. 考试毕业

在完成了一个轮作周期的学习之后，田间学校根据课程讲解和实习内容要点出试卷，科技农民参加考试。考试合格的学员，准予毕业，颁发结业证。考试不合格的学员，继续下一个轮作周期的学习。

（五）农村科普人才的农技推广职能

辅助高层次科普人才从事田间面对面指导服务、科技喇叭服务、科技小车和科技小黑板服务等多种技术服务。

五 "科技小院"科普人才培养模式的优势

在"双高"技术示范推广应用项目的推动下，将农业科普人才培养和使用结合起来，培养过程和使用过程高度合一，使高层次农业科普人才在1~1.5年的时间活跃在农业科学传播第一线，在科学传播过程中获得锻炼和培养，并将当地所需的农业科学技术示范推广到当地农民手中。将高层次农业科普人才培养和农村科普人才培养相结合，通过培养科技农民的方式，培养当地农村科普人才；并通过示范方建设、田间观摩等方式，发挥农村科普人才的科学传播职能。

（一）将人才的培养与使用相结合

科普人才的培养与使用相结合，能充分发挥科普人才的科学传播作用。无论是作为高层次农业科普人才的农业专业学位研究生，还是作为农村科普人才的科技农民，都是在特定农业科学技术示范推广的实践中，边培养边发挥作用的。高层次农业科普人才，在入学前就进入"科技小院"，调研、了

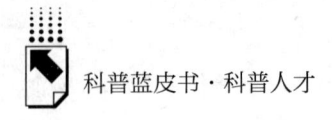

解、深入农业生产实践,加快进入角色。随后在较长的1.5~2年时间里,他们在被培养的同时也从事科普培训工作,发挥了高层次农业科普人才的科学传播作用,保证了他们至少一年以上时间投入农业科学传播工作。

高层次农业科普人才培养与农村科普人才培养相结合。"科技小院"的人才培养模式中,既培养了高层次农业科普人才,即农业专业学位硕士研究生,同时又通过农民田间学校,培养了农村科普人才,即科技农民。农业专业学位硕士研究生培养和科技农民培养相结合,是"科技小院"科普人才培养的亮点之一。

(二)科普人才队伍的稳定性增强

以"科技小院"为载体,农业专业学位硕士研究生通过"传帮带"机制使得高层次农业科普人才队伍形成梯队,保证了队伍的稳定性和延续性。培养的科技农民,作为农村科普人才,扎根当地,既保证了农村科普人才队伍的稳定性,又有利于农村科普人才发挥科普延续辐射作用。

(三)"科技小院"的纽带作用明显

农业科学技术普及需要解决两方面的内容:农民的信任问题和农民的农业科学技术需求问题。"科技小院"提供了一个场所,以此为根据地,高层次科普人才长期驻村,与农业生产实践深度融合;农民和"科技小院"的高层次农业科普人才能够密切接触,相互了解,农民信任"科技小院"的农业科普人才;高层次农业科普人才愿意为提升农民生活水平而付出努力。高层次科普人才了解受众的科普程度,明确受众所需的农业科学技术知识,构思以当地人能够接受的形式和内容的科普培训方案,以满足科普需求。

(四)科普人才的服务效应明显

农业科学技术示范推广对项目的绩效有着决定性的关系。农业科学技术示范推广是关键环节,保证了农业科普人才培养和发挥科学传播作用在项目实施中的关键地位。

示范推广应用的农业技术是当地农业生产所亟须的技术，保证了科普内容是农民所需。这一特点一方面保证了科普内容的实用性，农民有积极性来学习；另一方面由于聚焦，降低了科普内容的广度，降低了学习难度。

六 "科技小院"科普人才培养经验的政策建议

（一）"科技小院"科普人才培养模式可行、有效

"科技小院"科普人才培养实践探索表明，依托农业专业学位授权点，在农业科学技术示范推广项目支持下，将高层次农业科普人才培养和农村科普人才培养相结合的科普人才培养模式是可行的、有效的。"科技小院"的科普人才培养模式，既造就了高层次农业科普人才，发挥了他们的科学传播作用，又培养了当地农村科普人才。

（二）完善"科技小院"科普人才的培养机制

中国科协应考虑将"科技小院"科普人才培养模式经验制度化，完善"科技小院"科普人才培养的机制，依托农业专业学位研究生授权点，进行高层次农业科普人才培养试点工作，探索"以农业科学技术示范推广项目"、"高层次农业科普人才培养项目"和"农村科普人才培养项目"相结合的科普人才培养模式。例如可以与教育部协调，在实施农业科学技术示范推广项目的单位里，选择如中国农业大学这样实施农业科学技术推广工作经验丰富条件优越的单位，进行"科技小院"科普人才培养试点工作。

（三）加大科普人才培养的经费支持

1. 高层次农业科普人才培养专项经费支持

建议中国科协对高层次农业科普人才培养给予经费支持。具体做法如鼓励试点单位在农业科学技术推广示范项目支持下，从高层次农业科普人才培

养和使用相结合的角度，进行高层次农业科普人才培养方案的优化提升工作。给予这样的单位，以高层次农业科普人才培养项目申报的方式，按照人才培养规模、培养方案等配套人才培养基金，提高这些单位培养高层次农业科普人才积极性。

2. 农村科普人才培养专项经费支持

推广高层次农业科普人才培养和农村人才培养相结合的经验。鼓励高层次农业科普人才形成梯队长期扎根驻村，发挥高层次农业科普人才和农村科普人才的农业科技推广作用；鼓励高层次农业科普人才投身到农村科普人才培养工作中去，实现科普人才的本地化。例如，可以由试点单位申请高层次农业科普人才农技推广专项基金、农村科普人才农技推广专项基金和农村科普人才培养专项基金。

B.6
科普影视创作人才建设现状与对策研究

丁翎*

摘　要： 科普影视作为科学传播的重要渠道之一，在提升公民素质方面发挥着不可替代的作用。科普影视创作人才的培养，对提升科普影视作品创作能力具有重要意义。本文为科普影视创作人才做了概念界定，论述了科普影视人才队伍的发展现状，从人才需求和人才供给两方面分析了科普影视创作人才培养面临的挑战；最后从塑造影视产业环境、探索科普影视人才培养模式和提升科普影视人才培养积极性三个方面，提出了科普影视人才队伍建设的建议。

关键词： 科普影视　科普影视创作　科普创作人才

随着科技的快速发展，许多国家都通过新兴的科普载体如科普动漫、科普游戏、科普影视等进行科学知识的传播，吸引公众的目光，实现提升公众科学素养的目标。当前科普影视、电视科普栏目是提高公众科学素养的媒介之一，但无论是相关人才或是作品都不能满足当前的需求。

一　科普影视创作现状

科普影视本身具有寓教于乐、喜闻乐见等特点，相较其他科普作品形

---

* 丁翎，辽宁省科学技术馆编导，研究方向为新媒体环境下的科学传播。

式，其生动、丰富的艺术表现手段，使其成为科学传播的一种更为有效的方式。科普影视创作主要包括科教电影、科幻电影、电视科普节目及科普微视频四个方面的内容。

（一）科教电影创作

20世纪90年代后，科教电影逐渐淡出公众的视野。进入21世纪，一些优秀科教电影的出现又为科教电影的发展带来了一线生机。一些专业的科教片创作单位如北京科学教育电影制片厂、上海科学教育电影制片厂也都进行了改制。[①] 科教电影由于剧本、成本、票房等方面的原因一直处在发展的初期。

（二）科幻电影创作

一直以来，我们看到的科幻影视作品，以国外引进为主。与科教电影一样，我国科幻电影创作也十分薄弱。刘慈欣的科幻小说《三体》在国际上获奖后，在我国掀起了科幻热潮；我们看到热销的科幻图书《流浪地球》在改编成电影时，也同样遇到资金、团队等各种问题，但其电影效果超乎了所有人的想象。当前，是否还有类似的科幻作品产生，水平如何、票房如何都是一个未知数。

（三）电视科普节目创作

电视科普节目创作总体没有大的突破。虽然省级教育电视台没有科普节目播出，但是央视科教频道和地方科教频道有一些原创和引进的科普节目。[②] 2016年中央电视台的《加油！向未来》第一季播出后，引起了较大的反响。节目收视率超过1.3%，新浪微博话题阅读量为19.3亿次。2017年，第二季节目刚一推出，收视率位列同时段综艺节目第一，豆瓣评分8.8

[①] 王庆福：《体育电影的边界与类型》，《河北体育学院学报》2014年第5期，第1~4页。
[②] 澈澈：《〈加油！向未来〉让我们紧跟科学的脚步》，《东方文化周刊》2017年第42期，第36~39页。

分,成为两年来评分最高的央视季播节目。① 无独有偶,优漫卡通卫视的《聪明大发现》少儿科普电视节目,从儿童兴趣入手,将学与玩有机融合,探索出了一条少儿科普节目创作的新路。②

(四)科普微视频

近年来,随着网络制作及传播能力的提升,微视频成为当前公众最喜爱的传播形式之一。全国多个地市举办科普微电影大赛,其中上海的科普微电影大赛就有两个。一个是"中国·浦东科普微电影大赛",另一个是"上海国际科普微电影大赛",通过此赛事平台,涌现出一批优秀的科普微视频作品。除了上海,新疆、吉林等省份也有很多类似的比赛,营造了较好的科学文化氛围。

科普影视作为科普传播的渠道之一,对推广科学文化知识、提升国民素质具有不可替代的重要作用。但近年来,传统科普影视工作的优势逐渐受到形式多样、不断创新的新媒体科普作品的冲击。如何提升科普影视作品创新能力,成为当前科普理论研究者与实践工作者共同关注的话题。③

二 科普影视人才队伍建设

科普影视创作需要大量优秀的科普影视创作人才。由于科普创作本身相对小众,对于科普影视人才还没有比较精准的定义。但是在全国科普统计中,对于科普创作人才这个更大的范畴进行了界定。

---

① 覃璐:《科学实验类节目如何获取受众认可——以〈加油!向未来〉为例》,《新闻前哨》2018年第6期,第60~62页。
② 范晓岚:《"玩科学":让少儿科普类电视节目有"看头"——以优秀少儿科普电视节目〈聪明大发现〉为例》,《传媒观察》2013年第10期,第51~52页。
③ 丁翎:《科普影视工作中的人才建设问题研究》,《记者摇篮》2017年第10期,第10~11页。

（一）概念界定

科普创作人才，根据全国科普统计的定义，科普创作人才指专职从事科普作品创作的人员。包括科普文学作品创作人员、科普影视作品创作人员、科普展品创作人员及科普理论研究人员等，这些人以科普作品的创作为其主要工作内容。[①]

科普影视创作人才是科普创作人才中专门从事科普影视创作的人才。

（二）科普创作人才队伍现状

由于我国对科普影视人才并没有精准的数据，故笔者以科普创作人才为基础进行了数据的整理。

1. 历年科普创作人才队伍不断发展

2011年及以前，我国科普创作人才占专职科普人才数量的比例都是在5%以下；2012年及以后，科普创作人才的数量占比在5%～7%，2017年占比最高，达到6.57%（见表1）。总体上看，科普创作的重要性不断增加。专职科普人才中科普创作人才的比例是持续上升的。

表1 历年科普创作人才数量

单位：人，%

项目	2006年	2007年	2008年	2009年	2010年	2011年
科普创作人才数	8665	—	8526	10001	10981	11191
专职科普人才数	199913	—	229684	234233	223413	224162
占比	4.33	—	3.71	4.27	4.92	4.99

项目	2012年	2013年	2014年	2015年	2016年	2017年
科普创作人才数	14103	14479	12929	13337	14148	14907
专职科普人才数	231086	242276	234982	221511	223544	227008
占比	6.10	5.98	5.50	6.02	6.33	6.57

---

① 中华人民共和国科学技术部：《中国科普统计（2016年版）》，科学技术文献出版社，2016。

2. 科普创作人才占专职科普人员比重不足

表2为2017年全国各省份科普创作人才的分布情况。其总体按照东、中、西部进行区分，其中东部地区科普创作人员占专职人员的比例最高，达到8.46%，而西部占比高于中部。其原因是西部专职管理人员少，所以显得比重较大，另外，由于西部民族特色凸显，利于创作，且有一定的典型性。

从各省份的情况来看，4个直辖市科普创作人员数量最多，一方面与经济发展水平有一定的联系，另一方面还有人员相对集中的原因。天津占比为17.30%，北京为15.71%，上海为15.28%，重庆为11.45%。有12个省份超过了全国平均值6.57%。

表2 创作人才分布

单位：人，%

序号	地区	科普专职人员	科普创作人员	科普创作人员占科普专职人员比例
	全国	227008	14907	6.57
	东部	83922	7099	8.46
	中部	67192	3589	5.34
	西部	75894	4219	5.56
1	天津	1780	308	17.30
2	北京	8077	1269	15.71
3	上海	8779	1341	15.28
4	重庆	5232	599	11.45
5	西藏	394	36	9.14
6	青海	876	79	9.02
7	辽宁	7414	553	7.46
8	浙江	7857	586	7.46
9	江苏	11058	815	7.37
10	宁夏	1729	127	7.35
11	陕西	9790	684	6.99
12	广东	7910	531	6.71
13	四川	12083	765	6.33
14	山东	14036	875	6.23
15	黑龙江	4289	265	6.18
16	内蒙古	5025	310	6.17
17	新疆	5521	335	6.07

续表

序号	地区	科普专职人员	科普创作人员	科普创作人员占科普专职人员比例
18	湖北	13284	804	6.05
19	山西	3353	188	5.61
20	福建	4567	248	5.43
21	河南	12569	661	5.26
22	湖南	14455	759	5.25
23	海南	1548	81	5.23
24	江西	6661	337	5.06
25	吉林	3606	170	4.71
26	广西	9046	416	4.60
27	河北	10896	492	4.52
28	安徽	8975	405	4.51
29	贵州	3673	128	3.48
30	甘肃	8945	309	3.45
31	云南	13580	431	3.17

3. 科普创作重要性没有得到相应的重视

长期以来，科普创作者的劳动价值未得到应有的认可和重视。

（三）原因分析

我国科普影视的受众需求总体规模很大，但是由于科普影视产业具有高风险特性，科普影视产业规模较小，科普影视创作难度大，科普影视作品生产周期长和科普影视内容快速变化的矛盾，复合型科普影视人才的需求低，传媒发展变化迅速。

1. 科普影视创作人才需求方面的原因

第一，科普影视产业具有风险高的特性。影视产业作为内容产业的组成部分，具有风险高的特性。一部影视作品，从剧本、投资、导演、演员等方面的投入是巨大的；影视作品间极强的竞争性对产出提出了极大的挑战。投入能否获得产出？获得多大的投资回报率？这些方面的不确定性，阻碍了科普影视作品的生产。

第二，科普影视产业的规模相对较小。由于科普影视作品的高风险性，科普影视作品的小众性，供给和需求两个方面都阻碍了科普影视产业的发展。尽管从宏观上看，受众市场规模庞大，但在实践中，真正投资生产的科普影视作品产量很低。

第三，科普影视创作难度大。科普影视表面上看是"科普"+"影视"，很多人认为科普创作不过是将科技知识的简单组合。实际上，科普创作是将前沿、热点、高难度的科学知识进行编译，用通俗易懂的语言向公众解释的过程。当然，编译的过程中，对于科学原理不但要正确地表达，而且还要能流畅地表达。当前，人们对科普创作人才的重视程度不够，社会认同不明显，这对科普创作人员的创作积极性产生了消极影响，导致该领域出现的人才流失、科普作品数量萎缩、缺乏科普精品等问题严重。

第四，科普影视内容的更新速度变化。科普影视作品的生产周期较长，与科普影视内容更新换代速度快相矛盾。科普创作的基点是科学知识，但当前公众对科普作品的要求也在不断提升。每当出现新的热点，公众亟须影视作品的时候，投资方才意识到需求，才开始投资，等到影视作品创作完成、能够提供给受众的时候，往往已经过了窗口期。

2. 科普影视创作人才供给方面的原因

第一，科普影视人才的复合型特征。科普影视人才具有典型的复合型特征，一方面需要对新兴前沿领域科学知识有深入的了解，另一方面还要对其进行科普化处理，编译成通俗易懂的形式并为公众喜欢的脚本。科学素养和影视传媒素养是科普影视人才的两大复合特征。

第二，科普影视创作人才需要适应飞速发展的媒体传播技术。随着媒介间的相互融合，充分利用媒体（包括纸媒、电视、广播、网络、手机等传媒形态）优势，将人才、科学知识、媒体宣传等方面进行全方位整合，实现资源融通、内容兼容、宣传互融、利益共融，为信息传播带来巨大的变革，标志着一个新的媒体生态系统的形成。[①] 将脚本用通过科教电影、科幻

---

① 孟越：《融媒体视野下电视声音创作人才培养路径研究》，《传媒》2018年第12期，第81~83页。

电影、电视科普节目及科普微视频等形式进行再创作。只有将这三点完全匹配，才能产出良好影响的科普作品，这对于科普创作人才来说要求较高，难度较大。

第三，缺乏科普创作人才的培养机制。作为高层次科普人才，科普影视创作人才需要具备足够的影视产业、投资、媒体传播等方面的知识。这样的高层次科普人才建设呼唤科普影视人才培养体系的建立。目前，我国在此方面还没有很详细的规划。在高层次科普专门人才培养中，仅在清华大学艺术学院进行了创意领域的科普专门人才培养试点。

第四，在科普影视创作人才评价方面存在欠缺。人物评价方面，缺乏有影响力的奖项。在各类电影节中，缺乏针对科普影视设立的专项奖励。科技类人物奖作为对先进科技工作者的表彰，在科技界树立榜样，在社会中承担着激励群众、吸引更多年轻人投身到科学研究中的标杆作用。但我国人物评奖除个别奖项外，大多数奖项社会影响力不高，公众关注度较低。[1]

三 科普影视创作人才队伍建设的对策与建议

（一）塑造影视产业环境，扩大科普影视创作人才需求

利用风投的思路，进行科普影视的环境培育。基于大数据，进行科普影视需求调研，做科普影视内容需求预测，打提前量来应对科普影视内容高速发展导致的内容不确定性风险。此外，以信息化为基础，搭建项目管理平台，有效整合我国影视产业资源、科普创作资源，在科普影视创作人才、创作资源、科学家资源、资本筹措、股权投资、市场宣传等元素的基础上，按照系统化的产业服务体系进行构建，并进行专业化运作，力求在全国影视风投领域中形成一个科普的分支。实现专业化、团队化、全产业链的科普影视创作孵化体系。

---

[1] 张天慧、高宏斌、颜实等：《我国科技类人物评奖的现状及对科普创作人才培养的启示》，《中国科普理论与实践探索——第二十四届全国科普理论研讨会暨第九届馆校结合科学教育论坛论文集》，2017。

（二）探索科普影视创作人才培养模式

除了完成全产业链的衔接外，还要形成以制作人为核心的科普影视制作团队的建设。科普创作的难度较大，要求一种人才能够掌握所有的科普影视创作素养是不切实际的，应充分发挥各类科普影视人才的自身优势，打造出能发挥成员专长的团队，这是促进科普影视产业发展的又一措施。所有这一切离不开人的重要作用。

人才培养的先导——确定目标。要进一步明确，科普影视创作人员培养的目标是，繁荣科普创作，创新科普发展，为科普影视创作的发展汇聚更多力量，进行特色化应用型人才培养。

人才培养的关键——课程研修。首先要开展创作专业课程的学习。专业课程重在掌握创作技法和提高创作能力。通识课程重在提升综合素质和拓宽基础知识，为科普影视创作夯实基础，主要涵盖科学文化内涵解读、科学知识学习等。要从教材出发，先学后教。目前国内创作的高水平教材有《科普创作通览（上、下卷）》（全国高层次科普专门人才培养教学用书）以及《竺可桢科普创作选集》，较全面地对科普创作方式、概念进行了总结。

创作人才培养的核心——创作实践。科普创作源于科学，所以科普创作人才要深入科研一线，与不同的科技人员接触，进入不同的实验室了解科学实践的过程。我国的著名科普作家霞子，自己养殖大量的蚂蚁观察习性，写出著名的科普图书《酷蚁安特儿》，深受小朋友们的喜欢。

创作人才培养的纽带——从项目出发。以项目为基点开展科普创作人才的培养，可以有效地整合资源，并且具有一定的带动性。

（三）探索提升科普影视人才培养积极性的机制

1. 设立科普创作人物奖

建议相关部门设立国家级科普创作人物奖，该奖项用于奖励那些在科普创作方面做出过突出贡献的人或团队。当前在内容为王的原则指导下，科普创作受到极大的重视，设立科普创作人物奖可以吸引更多的科技工作者加入科普创作队伍，为科普创作注入活力；让科普创作成为公众关注的焦点，引导社会和公众更加关注科普工作。

2. 建设大学生科普创作培训班

科普创作的源头是科普创作人才，大学生是继科学家、科普作家之后的又一创作主体。上海科普作家协会在2007年开始进行这方面的尝试，在上海市科学技术协会和上海市科技发展基金会的共同支持下，上海市科普作家协会、上海市科技传播学会联合上海的14家知名媒体共同举办了"上海市大学生科普创作培训班"。培训班得到复旦大学、华东师范大学、华东理工大学、上海理工大学的积极配合。培训班主要对象是在校大学生、研究生，为了提高创作技能，特别邀请国内外著名科普作家、资深科普编辑从科普创作的基础理论出发展开培训，同时结合自己的创作技巧与实践经历进行实践教学。培训班结束后，涌现出一大批科普创作人员和大量的优秀科普作品。[1]

3. 举办科普影视作品大赛吸引并锻炼优秀人才

大型高水平赛事是培养学生创新精神和动手能力的有效载体。该种形式在培养学生的创新思维、团队合作、实践动手能力等方面具有极为重要的作用。所以，通过兴办科普影视作品大赛可以吸引更多科普创作人员的关注。我们看到国家有关部门以及社会机构针对高校传媒类专业举办了纪录片方面的竞赛活动，非常成功，为纪录片创作人才培养提供了新的思路，在科普影视人才培养方面可以借鉴。[2]

4. 加强校媒合作，展示原创精品

科普影视总体上还属于传媒类，在学院派办学方式的影响下，出现了人才培养与人才使用两张皮的现象。当前要加强教学改革，高校教学要和市场、公众的科普需求有机联系，加强高校与媒体联合办学模式。通过共建实

---

[1] 李正兴：《大学生的科普情缘——上海举办首届大学生科普创作培训班纪实》，《学会》2008年第4期。

[2] 韩永青：《地方高校"1551"纪录片创作人才培养模式探析》，《四川戏剧》2017年第11期。

习、实践基地,将媒体作为学生科普创作的平台,使学生创作的作品提前接受市场检验。①

近年来,随着国家对文化产业、科普产业投入的不断加大,国内影视声创作、科普影视创作的硬件条件已经达到国际水平。但我们看到,具有全球视野的高水平科普影视创作人才还为数不多,因此,科普影视创作人才培养的任务任重而道远。

---

① 范翎:《影视声音创作人才培养模式探研》,《演艺科技》2015 年第 1 期,第 22~26 页。

B.7
我国应急科普人才培养研究

杨家英 郑 念*

摘 要: 应急科普人才在减少突发事件中的人员伤亡和财产损失方面发挥着重要作用。本文通过文献整理、实地调研和数据统计,在对我国应急科普人才的内涵进行界定的基础上,对我国应急科普人才整体情况进行系统梳理,探究现阶段存在的问题,最后提出相关建议,以期促进应急科普工作的进一步提升。

关键词: 应急科普人才 科普人才培养 突发事件

完善的应急科普机制是预防和正确应对突发事件、把损失降到最低限度的体制性保障,是一个国家文明进步的象征,也是一个国家综合国力提升的表现。应急科普人才是应急科普工作的中坚力量,应急科普知识的有效、准确、及时传播可以减少事故灾难的发生,同时增强公众自救、互救意识,减少突发事件中的人员伤亡和经济损失。应急科普人才是应急科普工作的重要力量,应急科普人才的培养有利于应急科普工作的展开。

---

* 杨家英,中国科普研究所博士后,研究方向为应急科普政策与机制;郑念,中国科普研究所政策室主任,研究员,研究方向为科普评估、科普人才、科学理论、科学素质和防伪破迷等。

一 概念界定

（一）应急科普

1. 应急科普的定义

应急科普是我国公民科学素质建设的重要组成部分，是《全民科学素质行动计划纲要》的基础性工作。应急科普工作的开展，有助于提高公众应对自然灾害（地震灾害、气象灾害、水旱灾害等）、事故灾难（安全事故、公共设施和设备事故等）、公共卫生事件（传染病疫情、食品安全、动物疫情等）、社会安全事件（恐怖袭击事件、民族宗教事件、群体性事件等)[1][2] 等突发事件的意识和能力，减少事故的发生，降低突发事件中的人员伤亡和经济损失。

2. 应急科普的四个阶段

应急科普和公众的生活息息相关。当前根据应急科普发生的时间分为四个阶段，即突发事件发生前、突发事件发生时、突发事件发生中和突发事件发生后。突发事件发生前的应急科普主要为预防方面的科普；突发事件发生时的应急科普主要为短时间内采取行动的科普；突发事件发生中的应急科普主要为应急处置、救援的科普；突发事件发生后的应急科普主要为事后重建、修复的科普。[3]

（二）应急科普人才的概念与内涵

1. 应急科普人才的概念

应急科普人才是指在突发事件发生的四个阶段向公众普及应急知识的科

---

[1] 吴文晓：《基于本体的突发事件网络舆情案例推理研究》，西南科技大学硕士学位论文，2017。
[2] 全国干部培训教材编审指导委员会组织编写《突发事件应急管理》，人民出版社、党建读物出版社，2011。
[3] 刘彦君、董晓晴、张鲁冀等：《突发公共事件应急科普机制内涵的特点、分类和作用》，《北京科学技术情报学会学术年会》，2012，第119~123页。

普工作人才。

对于应急科普，有两种主流的看法。一种是指在突发事件发展中开展的科普工作。例如，朱登科[1]认为，应急科普就是针对突发事件，根据公众关注的热点问题所开展的科普。科普工作者要在突发事件发生时，克服突发事件带来的新的技术问题，及时、有针对性地展开科普工作，向公众提供准确的科普信息，满足公众科普需求。另一种是指为了应对突发事件开展的科普工作。例如，有学者认为应急科普是指通过普及、传播和教育，使公众和青少年了解与应急相关的科学技术知识，掌握相关的科学方法，树立科学思想，崇尚科学精神，并具有一定的应用它们处理实际突发问题、参与公共危机事件决策的能力，实现其在紧急状态下沉着冷静、科学应对的目标。[2] 本文根据第二种观点进行阐述和分析。

2. 应急科普人才开展的工作

应急科普人才在突发事件发生的四个阶段中的职能和工作内容不同，具体如下。①突发事件发生前，主要工作以常规科普为主，例如利用展板、应急体验馆、科普基地、互联网等宣传应急科普知识，使公众掌握基本的应急知识和技能，体验一些突发事件，提高公众对突发事件的应对能力；②突发事件发生时，主要科普工作为向公众及时普及应急避险知识，例如依靠预警系统对公众及时传送应急避险知识；③突发事件发展中，主要工作为应急避险、现场处置和心理疏导等知识的普及，例如现场自救、互救等的知识宣传和线上应急避险的知识传播；④突发事件发生后的主要工作为灾区恢复等知识的宣传，例如灾后重建过程中普及防灾减灾知识。

3. 应急科普人才的分类

根据突发事件的四大分类，可进一步细化，例如自然灾害类别中的地震

---

[1] 朱登科：《突发公共事件中网络媒体应急科普的作用分析——以人民网、新浪网对汶川地震、甲型H1N1流感相关报道为例》，《科技传播》2010年第4期，第226~229页。

[2] 刘彦君、赵芳、董晓晴等：《北京市突发事件应急科普机制研究》，《科普研究》2014年第2期，第39~46页。

科普人才、气象科普人才等，事故灾难类别中的安监科普人才、消防科普人才、交通科普人才等，公共卫生事件类别中的食品药品科普人才、医学科普人才等，社会安全事件类别中的公安科普人才等。

4. 应急科普人才应具备的能力

在应急科普的过程中，除了一般科普人才应具备的能力外，应急科普人才还应具备一些特殊的能力。例如：①掌握基本的应急科普知识，具有一定的救援知识或技能；②将应急知识转化给公众的能力；③使用传统的或新兴的媒体，向公众发布权威的应急科普知识；④应急科普活动的策划、组织和开展能力；⑤应急科普理论、内容和形式等的研究能力。①

（三）应急科普人才的组织

2018年3月，中华人民共和国应急管理部成立。辖消防救援局、中国地震局等部门开展应急管理工作，应急科普得到进一步发展。应急科普主要执行主体是政府和相关部门，自然灾害类中应急科普部门有地震局、气象局等，事故灾难类中应急科普部门有安全监察局、消防局、公路学会、航海学会等，公共卫生事件类中应急科普部门有食品药品监督管理局、疾病预防控制中心等，社会安全事件类中应急科普部门有公安部门等。各部门组织一定的专职科普人才，主持科普工作。

1. 专职科普人才

按照通常的科普人才分类，科普人才包括专职科普人才、兼职科普人才和志愿者队伍。应急科普人才也可进行相应分类。专职应急科普人才主要分布在官方机构、社会组织和企业中，官方机构如地震局、消防局等部门，社会组织如民间救援队、基金会等，企业则是以应急研学为主题的公司等。

应急科普人才根据突发事件发生的性质和规律，在突发事件发生的四个阶段其工作形式不完全相同，针对自然灾害和事故灾难以及社会安全事件，

---

① 郑念、任嵘嵘主编《科普蓝皮书：中国科普人才发展报告（2015）》，社会科学文献出版社，2016。

在一定程度上可以通过日常的科普,增强公众安全意识,降低灾害损失或减少事故的发生,专职科普人才需要在突发事件前做常规科普,地震局、气象局、安监局及公安部门专职科普人才要定期开展科普活动,普及应急知识,一些单位设有宣教中心,下设科普教育基地、场馆、官方公众号等,开展常规科普。主要的应急科普专职人才分布在宣教中心,其他部门的工作人员以兼职或志愿者的形式参与应急科普,相关专业的研究生等以志愿者形式参与。灾害发生中,专职科普人才参与现场救援和线上科普,宣传自救、互救知识。

公安部门利用公共交通等场所进行相应的安全科普宣传。每次突发的公共卫生事件都会带来新的技术问题,应急科普人才要在突发事件发生时和发展中,及时向公众传播正确的防御知识,减少公众的恐慌。食品药品问题,监管局等科普部门会结合社会热点问题向公众普及应对知识。地震局和食品药品监督管理局科普人才还要进行一定的辟谣科普。

2. 兼职科普人才

兼职科普人才通常分布在宣教中心以外的各业务部门中,平时协助专职人员开展工作。在防灾减灾活动周或一些相关纪念日,各应急科普部门会开放研究所、高校等一线科研单位,并在社区、公园等场所举办科普活动,此时各相关单位调动大部分工作人员参与科普工作。此外,还有一些以科研为主业的专家学者,通过讲座等方式,参与应急科普工作。

二 我国应急科普人才现状

(一)资料来源

应急科普人才是科普统计中的重要组成部分。根据中国科学技术部[1][2]

---

[1] 胡莲翠:《突发公共卫生事件中应急科普作用研究》,安徽医科大学硕士学位论文,2016。
[2] 中华人民共和国科学技术部政策法规与体制改革司:《中国科普统计(2008年版)》,科学技术文献出版社,2008;中华人民共和国科学技术部政策法规司:《中国科普统计(2009年版)》,科学技术文献出版社,2009。

2006~2016年的科普统计数据，与应急科普相关的部门有地震部门、气象部门、安监部门、食品药品监管部门、公安部门，对科普人才则分别从专职科普人员、性别、农村科普人员和学历或职称等角度进行了统计。因我国自然灾害频发，故中国科学技术部对地震部门和气象部门的科普工作统计自2006年就已经开始。随着应急科普工作的开展，对于其他应急科普部门的统计也逐步展开，2009年开始对公安部门的科普工作进行统计，2011年开始对安监部门的科普工作进行统计，2014年开始对食品药品监管部门的科普工作进行统计。本文对相关的统计数据进行了一定的近似处理，目的是分析科普工作的主要特征。

（二）全国科普人才状况与趋势

2006~2016年，全国科普人才总数从162万人增长至185万人，其中专职人员从20万人增加到22.4万人。科普人才占比情况如图1所示。

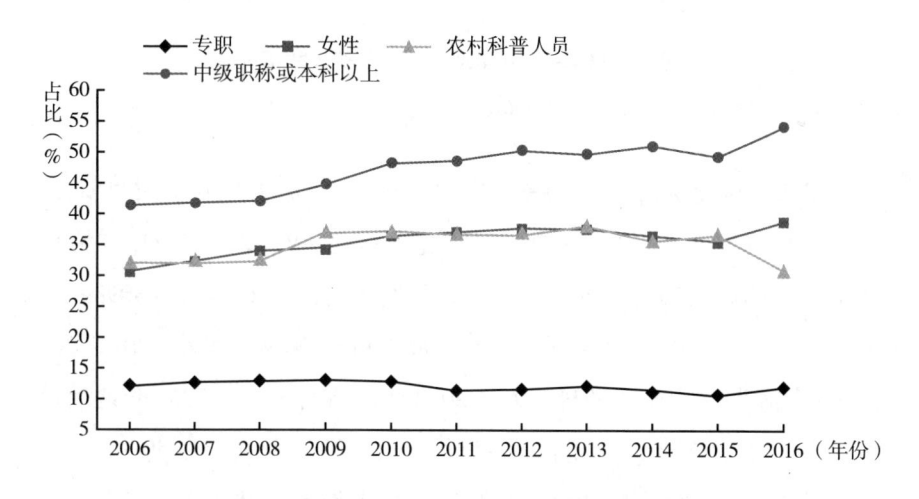

图1　2006~2016年我国科普人才整体情况

注：2007年数据为前后两年的平均值。

其中，专职科普人员占比在10%~13%；女性占比在30%~39%，整体呈增长趋势；农村科普人员占比在30%~37%；中级职称或本科以上学历科普人员占比整体呈增长趋势，由41%增至54%。

（三）应急科普人才状况与趋势

1. 地震部门科普人才情况

在相关应急科普部门中，地震部门科普人才情况如图2所示。

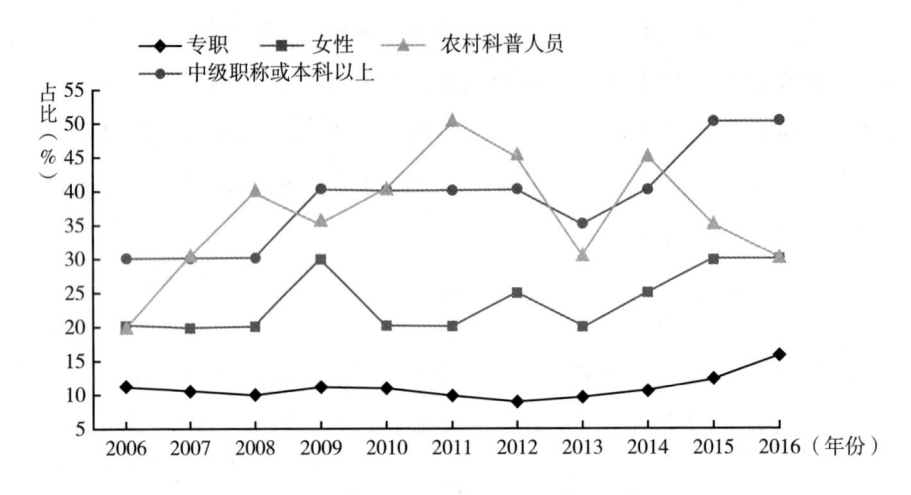

图2　2006～2016年地震部门科普人才情况

注：2007年数据为前后两年的平均值。

地震部门科普人才中，2006～2012年专职人员占比在10%左右，从2013年开始持续增长；女性科普人员占比大多在20%左右，2009年占比曾增至30%，随后回落至20%，后又逐渐开始增大，2016年约为30%；相对全国，农村科普人员波动性较大，占比最大可达50%，最小占比为20%；中级职称或本科以上学历的科普人员2008年之前为30%，2008年之后增至40%，到2013年降至35%左右，后继续增长，2016年稳定在50%。

据统计，2017年全国从事防震减灾科普工作人员共312人，专家团队26个，人数473人，培训人数约60万人次，[①] 为地震科普工作做出了巨大贡献。与全国整体水平相比，专职人员占比相近；女性占比略低于全国整体

[①] 周琳：《我国防震减灾科普工作现状分析及对策研究》，《科技创新与应用》2018年第28期，第146~147页。

水平；农村科普人员占比波动较大；中级职称及本科以上学历的科普人员占比在2008年之后有所上升，最近几年和全国整体水平相近。

2. 气象部门科普人才情况

2006~2016年气象部门科普人才情况如图3所示。

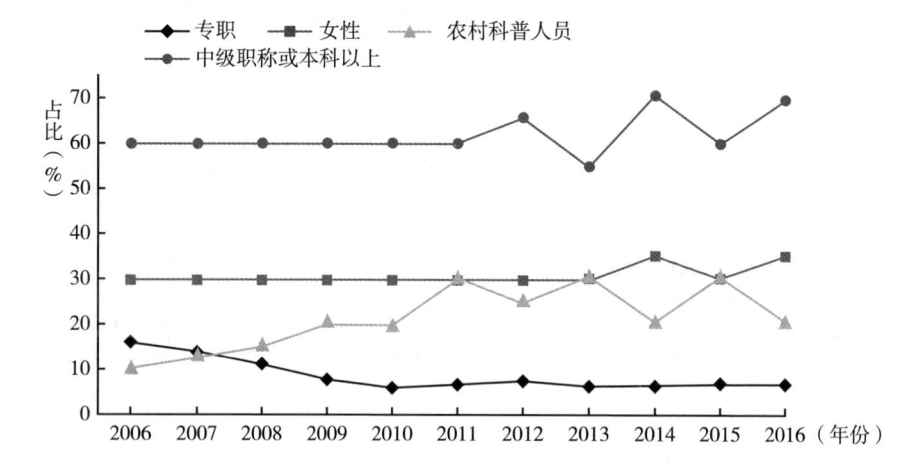

图3 2006~2016年气象部门科普人才情况

注：2007年数据为前后两年的平均值。

气象部门科普专职人员从2006年开始下降，2010年进入稳定期，占比在10%以下；女性科普人员在大部分年份占比约30%，2014年、2016年有所提升，约35%；农村科普人员占比最大可达30%，最小占比为10%，2013年后在20%~30%；中级职称或本科以上学历的科普人员在2011年之前为60%，2012年之后呈现一定的波动性，在55%~70%，2016年曾达到70%。

根据《气象科普发展规划（2019~2025年）》①中的数据，气象科普队伍不断壮大，初步形成了由专兼职人员组成，包括专家和志愿者在内的气象科普人才队伍。世界气象日、气象科技活动周和防灾减灾日等主题气象科普

---

① 《气象科普发展规划（2019~2025年）》，http://www.cma.gov.cn/root7/auto13139/201812/t20181225_486553.html。

活动成为常态,年均参与专家1万余人,受众约300万人次。与全国整体水平相比,专职人员占比相对较低;女性占比接近全国整体水平;农村科普人员占比低于全国水平且波动性较大,根据《气象科普发展规划(2019~2025年)》,专兼职气象科普人员将覆盖99.7%的村屯,可见农村科普人员密度可能比较低;中级职称及本科以上学历的科普人员占比高于全国总体水平。

3. 安监科普人才情况

2011~2016年安监科普人才情况如图4所示。

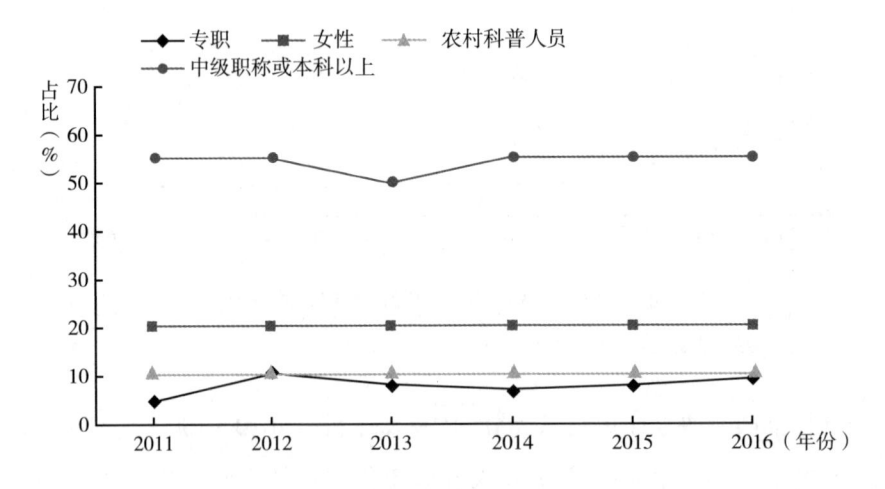

图4 2011~2016年安监部门科普人才情况

安监部门专职科普人员占比从2011年的4.8%波动增长至2016年的9.2%;女性占比稳定在20%左右;农村科普人员稳定在10%左右;中级职称或本科以上学历的科普人员稳定在55%左右。

与全国整体水平相比,专职人员占比略低于全国整体水平;女性占比稳定但低于全国整体水平;农村科普人员占比稳定,但数值相对较低;中级职称及本科以上学历的人员占比高于全国整体水平。

4. 食品药品监管部门科普人才情况

2014~2016年食品药品监管部门科普人才情况如图5所示。

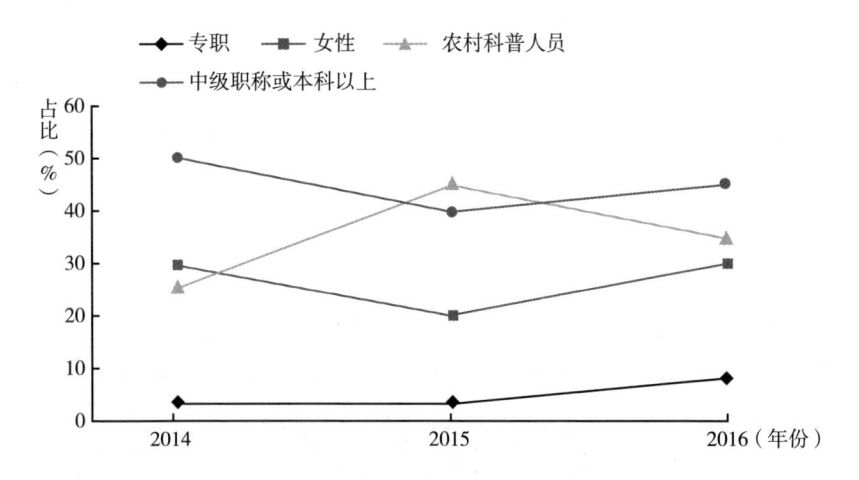

图5 2014~2016年食品药品监管部门科普人才情况

食品药品监管部门专职科普人员从2014年的3.3%降至2015年的2.8%再增长到2016年的8%；女性占比在20%~30%；农村科普人员波动较大，从2014年的约25%增至2015年的45%左右再降到2016年的35%左右；中级职称或本科以上学历的科普人员从2014年的约50%降至2015年的40%左右再增长到2016年的45%左右。

与全国整体水平相比，专职科普人员占比较低；女性占比低于全国整体水平；农村科普人员占比具有一定的波动性；中级职称或本科以上学历的科普人员占比也具有一定的波动性。

5. 公安部门科普人才情况

2009~2016年公安部门科普人才情况如图6所示。

公安部门专职科普人员从2009年的约11%增长到2016年的12%；女性占比稳定在20%左右；农村科普人员稳定在10%左右；中级职称或本科以上学历的科普人员稳定在60%左右，且2015年起略有增长。

与全国整体水平相比，专职科普人员占比相近；女性占比低于全国整体水平；农村科普人员占比稳定，但数值较低；中级职称或本科以上科普人员占比高于全国整体水平。

图6 2009~2016年公安部门科普人才情况

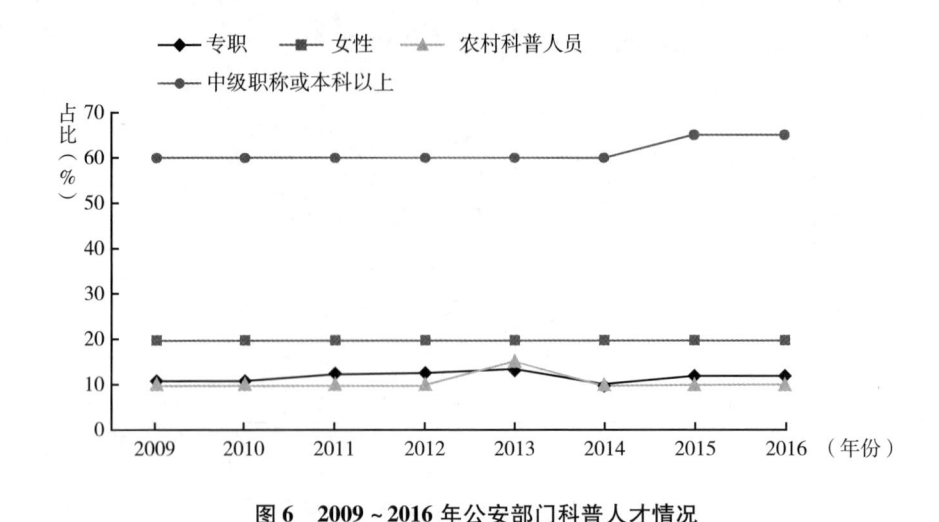

三 应急科普人才发展的主要问题及原因

(一)应急科普人才发展的主要问题

应急科普工作在科普政策的指导下逐步发展起来,科普人才在其过程中发挥着重要作用,但还存在一些问题,主要体现在以下三个方面。

1. 应急科普人才数量不足

目前应急科普人才队伍主要由相关应急部门、相关业务单位、学会、教育基地、场馆等的工作人员组成,成员中兼职人员较多,专职人员较少,地震、气象和公安部门兼职科普人员占10%~15%,安监、食品药品监管部门专职科普人员数占比不足10%。应急科普人员总数也较少,五个相关部门在科技部统计的科普部门里人员总数都处在末位。兼职科普人员主要工作重心在业务工作,同时承担科普和宣传工作,[①] 对应急科普方式、科普内

[①] 封娜、宋霁昊、徐军:《浅议我国公共消防科普教育实施现状及对策》,《法制与社会》2017年第32期,第187~188页。

容、科普受众、科普效果评估的研究相对较少，应急科普工作在各应急相关单位中处于边缘业务，有些单位并没有设置相关的应急科普机构，也没有设置专业应急科普人员。① 此外，虽然科研人员较多，但科研人员很少对科普工作投入时间和精力，各高校的学科设置中，也鲜有下设的科普分支，② 相关专业的学生也没有做科普工作的要求。由于科普资源农村占有率低，相对应的科普人员也少，科普人员密度低，气象、安监和公安部门的农村科普人员占比较低，其他部门最近几年的农村科普人员波动大，科普环境不稳定。

应急科普中对突发公共卫生事件的科普是医学科普的一个方面，但医学科普研究领域呈现重点疾病多、非重点疾病少，慢性病多、非慢性病少，老人儿童多、青中年少的局面，③ 也在一定程度上反映了医学科普的情况，针对突发公共事件的医学科普通常是在科学家初步科研结果出来后，在结果出来之前的阶段容易产生谣言，造成公众恐慌和社会混乱。因此，突发事件前的常规预防性科普相对困乏，应急科普人才急需建设。

2. 应急科普人才层次不高

由于应急科普需要较强的专业背景，中级职称或本科以上学历的科普人员占比较大，在一定程度上有利于科普工作的展开，全国科普人才总体水平为41%~54%，应急科普相关的不同部门情况各不相同：地震部门从30%陆续增长到50%，气象部门从55%增至70%，安监部门约为55%，食品药品监管部门40%~50%，公安部门约60%，大部分部门与全国总体水平一致或高于总体水平，但均低于2020年的目标值75%。此外，国家级科普智库还没有建设起来。因突发事件具有突然性、不确定性和社会性等特点，故此需要构建智库参与突发事件发生时的科普工作，及时向公众科普相关知识，避免社会混乱。

---

① 许传升：《公众消防应急科普队伍存在的问题及改进建议》，《安全》2018年第12期，第61~62、66页。
② 刘波：《我国气象科技人才科普积极性的激励研究》，《科技传播》2018年第24期，第128~130页。
③ 吴一波、邢云惠、刘喆等：《我国20年健康科普研究的文献分析》，《科普研究》2017年第3期，第39~45、106~107页。

应急科普人才对于专业素养和科普技能要求都较高，高端应急科普人才可以带动整个领域的发展，目前应急科普人才的培养还有一些问题。一方面体现在具有较高专业素养的应急科普人才在科普技能方面略显不足，例如应急相关的科普教育基地的科普人才，通常具有较高的学历和较好的专业背景，但欠缺一定的科普技能，在向公众输出科普知识的过程中，不能把握公众的接受度。面对不同的科普群体，也缺少对应的研究和分析。另一方面体现在有些应急科普相关领域缺少从业标准，例如消防科普，有些从事应急科普工作的人员缺少专业知识背景，在开展应急科普工作时根据自己的理解进行科学普及，具有一定的随意性。应急科普场馆的科普通常包含灾害、家居安全等多个方面的应急科普内容，相比应急相关部门的科普，内容多而专业性略低，其科普人才在对于科普内容准确度的把握上也各不相同。

3. 应急科普人才结构不合理

目前应急科普人才结构还不够合理。首先，应急科普工作需要一定的专职人员来带动兼职人员和志愿者开展活动，应急科普专职人员是科普工作的主力军，但安监、食品药品监管部门专职科普人员数占比不足10%，专职科普人才队伍还需要进一步发展。其次，应急科普相关部门中女性占比多数在20%左右，有些在30%左右，均低于全国整体水平，科普人才队伍的男女平衡还有待加强。再次，稳定的科普环境有利于科普工作的展开，而农村应急科普环境非常不稳定，科普人才占比存在很大的波动性或者稳定的低数值，而农村往往有较大的科普需求，农村应急科普人才队伍的建设需要不断加强，可提高农村科普投入，构建较为稳定的科普人才结构。最后，一些相关应急部门的中级职称或本科以上学历的科普人才占比并不是稳定增长而是存在一定的波动性，说明科普人才存在一定的流失现象，较大的流失率会影响科普工作的持续开展和完善，相关部门应采取应对措施，避免科普人才的流失。

（二）原因分析

1. 应急科普人才的精准性不强

突发事件涵盖人们日常生活的方方面面，应急科普人才分布在各个领域，具有相似的科普职责和社会责任，但科普内容可能不尽相同，相对应的标准和评价体系还没有建立起来。各级政府应急管理部门在逐步构建，但还没有系统性地组建应急科普人才队伍以应对人民群众日益增长的应急科普需求。应急科普相关部门的专兼职科普人员还没有完全具备对应的知识、技能以及传播能力，在科普工作过程中还存在瓶颈，相关能力还有待提高。

2. 激励机制匮乏

各应急科普相关单位对科普工作重视程度不同，大部分单位没有建设应急科普人员岗位职称和评价体系，对科普工作的认可没有体现到绩效评价中，科普激励作用不足，对科普工作的研究缺乏机制保障，应急科普人才从业的积极性不高。缺少奖励机制的大环境，也使科普人才内部竞争意识淡薄，不利于科普工作的持续开展和科普人才自身业务水平的提高。

高等院校、科研机构中与应急领域相关的专家是潜在的应急科普人才，他们在各自领域有较高的科研能力和成果，也有能力做好科普工作，但在奖励机制匮乏的环境下，专家们很难只靠科普热情持续从事应急科普工作。

3. 培训系统性较差

应急科普人员不仅需要专业知识，还需要有将知识传播给公众的能力，同时灾害现场的科普人员还需要懂一定的心理学等方面的知识，因此应急科普人才需要系统性的培训。现阶段应急科普的培训量不足，有些单位没有开展相关的科普培训。应急科普培训不够系统，有些培训围绕具体的政策和任务展开，很难提升科普工作的整体效果，各单位自行组织培训工作，缺少整体的连贯性。有时培训内容与需求之间也缺少足够的联系，培训效果缺少必要的评估。

四 应急科普人才发展建议

应急科普人才的良性发展有利于应急科普工作的开展，提升公众的自救意识和能力，减少灾害、事故损失。因此，要进一步加强应急科普人才的建设和发展。

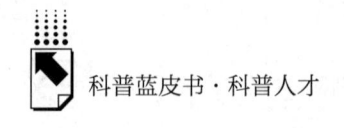

（一）加强应急科普人才队伍建设

在相关政策支持下，国家、省、市级部门明确专门的应急科普业务负责部门及相关的专兼职科普人员、管理人员，加大经费支持和工作探索力度，总结科普经验，分析公众科普需求，组成一支业务精、管理强、男女比例平衡的专兼职应急科普队伍。进一步加强基层应急科普力度，保障应急科普环境的稳定性，构建长期、稳定的应急科普队伍。

建立国家级应急科普智库，在发生重大公共事件、自然灾害时做科学说明，把应急科普业务人员纳入各相关部门各类高层次人才培养计划中。开展突发事件前的常规科普，在一定程度上防范公共卫生事件，也在事件发生时使公众有理性的认识，避免盲从。加强相关科研、业务人员科普责任的落实，鼓励和支持其从事应急科普活动和创作。依托高校、科研机构、业务单位，建立高层次的应急科普专家智库。

加大农村应急科普投入，提高应急科普环境的稳定性，完善应急科普人才结构，满足农村应急科普需求。

搭建应急科普志愿者网络服务平台，鼓励应急专业相关高校等建立应急科普志愿者社团组织，鼓励应急相关部门、救援队等开展志愿者的招募和培训，鼓励公众积极参与，壮大应急科普志愿者队伍。

（二）建立应急科普人才评价激励机制

各地政府完善应急科普相关法规政策，保障应急科普人才的权利，激励更多专业相关人员从事应急科普工作。设立一些应急科普专业技术资格认证，凡从事专兼职应急科普工作的人员，符合条件者可申请获得相应的应急科普专业技术资格；应急科普基地、场馆等可从获得资质的人员中聘请工作人员。

应急科普相关的部门制定应急科普业务和管理人才考核评价机制和激励措施，将应急科普人员专业技术工作纳入日常考核和职称评审指标体系，提高科普环境的稳定性，降低中级职称或本科以上学历科普人员占比的波动性，减少科普人才的流失；积极表彰在应急科普工作中做出突出业绩的部门、团体和个人。鼓励高校、科研院所研究人员和学生参与应急科普工作，给予实际意义上如绩效、学分等的支持。完善应急科普志愿者激励政策，加强科普志愿者队伍建设。

（三）完善应急科普人才培训机制

将应急科普业务和管理培训纳入年度培训计划，面向各类应急科普人员开展有针对性的培训和再教育。做好培训与需求之间的沟通，建立应急科普人员定期交流制度，使培训具有连贯性，提高应急科普人才队伍的整体业务素质。对长期关注应急科普的主流媒体记者、编辑也进行一定的专业知识培训，在发挥媒体传播应急科普信息资源优势的同时确保应急科普信息的准确性。

在一些应急科普领域制定从业标准，对应急科普人才在涉及公众生命安全时必备的知识、技能等实施考核评价，统一标准，以提升应急科普人才的素质和专业素养。

科普新视角

New Perspectives of Popular Science

B.8
科普组织对科普人才的吸引力
——基于求职者视角的研究

吕 俊 汤书昆*

摘 要： 引入、培养及留住科普领域的专业从业人才，是中国科普事业发展的关键。本文首先聚焦科普人才引入主题，研究科普组织人才吸引力内涵及其维度构成、求职者意向、行为意愿以及科普人才队伍建设。其次，构建了科普组织吸引力的五维度模型，并基于此模型研究了按照性别、学历、专业来分类的潜在从业者的特征，研究了各维度的影响权重。最后，提出了科普组织人才队伍建设工作的建议。

---

* 吕俊，中国科学技术大学科学传播研究与发展中心博士，主要研究方向为科学传播、科技政策；汤书昆，教授，博导，中国科学技术大学科学传播研究与发展中心主任，主要研究方向为知识管理、信息传播。

关键词： 求职者视角 科普人才 组织吸引力 队伍建设

一 问题的提出

近年来，我国科普产业发展的苗头正盛，尤其在经济、文化以及科技领域，这为科普产业和科普从业人员提供了较好的发展机遇；同时，移动互联时代的去地域性特征也利好科普产业发展。但整体而言，科普产业的发展还处于起步阶段，其发展过程中有诸多问题需要解决，比如政策缺乏保障性、制度可执行性较差，而且科普企业规模仍然不够大、技术水平较低、分布较为分散，尤其是科普专业人才少之又少。[①] 科技部发布的《中国科普统计（2017年版）》显示，2016年全国共有科普职员185.24万人，较上年减少20.14万人，同比减少9.81%。每万人口拥有科普职员13.40人，较上年减少1.54人；其中，以科普为专职的人数为22.35万人，主要以专职科普创作和专业科普讲解为主，但是总体规模较小。[②]

当前我国科普产业的雏形已经基本形成，但产业发展所需的人才缺口巨大。因科普组织在组织规模、经济实力等多方面的局限性，相比于待遇丰厚、品牌知名度高的企业，科普组织在对人才的吸引力方面存在劣势。因此，聚焦和探讨科普组织的人才吸引力问题具有重大的现实意义。然而，专家学者们对科普组织人才吸引力的研究成果较少，现存相关研究也多为科普人才基于现状分析提出的可行性建议和在科技馆科普教育基地基础上延伸出来的科普人才队伍发展培育问题，实证研究更是不足。本文通过实证分析科普机构的组织吸引力因素、影响结果，并在此基础上讨论如何更好地吸引人才加入科普事业。

[①] 王康友、郑念、王丽慧：《我国科普产业发展现状研究》，《科普研究》2018第3期，第7~13、107页。

[②] 中华人民共和国科学技术部：《中国科普统计（2017年版）》，科学技术文献出版社，2017，第93~97页。

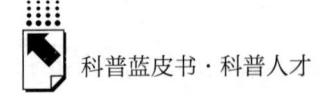

由此，本文拟从下述问题进行探索和研究：一是科普组织吸引力的内涵构成及其在不同特征群体上的感知差异性；二是基于科普组织吸引力的内涵要素研究其如何影响求职者的就业意向；三是如何通过机制研究来改善科普组织对于潜在人才的吸引，从而构建更为庞大、专业的科普人才队伍。

二 文献回顾

（一）科普人才与科普人才队伍

《中国科协科普人才发展规划纲要（2010～2020年）》中对科普人才的内涵做了明确诠释：具备一定科学素质和科普专业技能、从事科普实践并进行创造性劳动、做出积极贡献的劳动者。[1]

科普人才在当今社会仍然短缺严重，吸引具有潜力的、能从事科普工作的综合性人才已迫在眉睫。基于此背景，并根据上述科普人才内涵，本文将"科普人才"定义为：具备一定的学科专业知识，通过实践可能培养成为符合科普组织需求的劳动者，即潜在科普人才，并考虑从求职者视角，探讨科普组织对潜在科普人才（专职）吸引力的问题。

在科普人才队伍现状的研究方面，众多的学者，如莫扬等[2]、李智强[3]、崔滢滢[4]、任嵘嵘等[5]，都聚焦在科普人才队伍建设现状、科普人才培养等问题的定性分析上，对科普人才引入问题的探讨明显不足，还没有研究用实证的方法对科普专职人才引入问题进行分析。

---

[1] 郑念、张义忠、孟凡刚：《实施科普人才队伍建设工程的理论思考》，《科普研究》2011年第3期，第20~26页。

[2] 莫扬、荆玉静、刘佳：《科技人才科普能力建设机制研究——基于中科院科研院所的调查分析》，《科学学研究》2011年第3期，第359~365页。

[3] 李智强：《科普场馆专门人才培养探索——建设研究型广东科学中心》，《安徽首届科普产业博士科技论坛——暨社区科技传播体系与平台建构学术交流会论文集》，2012。

[4] 崔滢滢：《浅议科技馆人才的培养》，《科技风》2014年第7期，第30~32页。

[5] 任嵘嵘、郑念、孙红霞：《我国科普专职人才队伍建设研究》，《科普研究》2012年第5期，第70~76页。

（二）组织吸引力内涵

通过查阅国内外参考文献，发现国外学者对"组织吸引力"这一概念稍有研究，Schein 和 Diamante[1]在 20 世纪首次提出"组织吸引力"这一名词，但这是基于人与环境适配性的基础上研究出来的，并没有进行深入的思考。八年后，国外学者 Turban 和 Greening[2]对"组织吸引力"这一概念有了更深入的理解，将其定义为"组织本身吸引人员做出选择决策的程度"。21 世纪初期，Aiman – Smith 等[3]又对"组织吸引力"进行重新界定，认为组织吸引力是"在对组织积极印象基础上产生的，与其建立进一步联系的意愿"。综合现有研究者的代表性观点，结合科普组织的现状，本文认为，科普组织的吸引力体现的是吸引潜在人才、留存和激励现有科普人才，并匹配科普人才在不同职业阶段的发展需求、期望的实现程度，它包含组织吸引力的预期和感知两个方面。其中，预期体现的是人才对科普组织满足其不同需求的可能性预判；感知则指的是一种主观评价，这种评价建立在人才对科普组织满足其需求的现实情况之上。

（三）吸引力理论在科普组织的质性研究

李群等[4]指出，科普组织内广泛存在人员收入水平较低、缺乏职业规划、晋升渠道不通畅等诸多问题，在吸引优秀专业人才方面较为困难。曾平

---

[1] Schein V. E., Diamante T., "Organizational attraction and the person-environment fit," *Psychological Reports* 1 (1988): 167 – 173.
[2] Turban D. B., Greening D. W., "Corporate social performance and organizational attractiveness to prospective employees," *Academy of Management Journal* 3 (1996): 658 – 672.
[3] Lynda Aiman – Smith, Talya N. Bauer, Daniel M. Cable, "Are you attracted? Do you intend to pursue? A recruiting policy – capturing study," *Journal of Business and Psychology* 2 (2001): 219 – 237.
[4] 李群、王宾：《中国科普人才发展调查与预测》，《中国科技论坛》2015 年第 7 期，第 149 ~ 150 页。

英[1]曾在研究中阐述科普工作人员相比其他相似工作岗位不同行业人员工薪待遇较差，人才容易被更高薪资的工作所吸引，致使高层次科普人才流失严重。

本文从科普组织对人才吸引力这一主题出发，对潜在的专职科普人员进行调查分析，以发现困扰科普人才的发展问题，并有针对性地提出对策。

三 科普组织吸引力结构维度与测量

本文采用文献查阅、深度访谈及实证分析相结合的方法。第一步，以国内外组织吸引力测评指标和成熟量表为基础，尤其是借鉴 Berthon 等[2]建立的 30 个指标量表，以及国内学者殷志平[3]制定的针对初次求职者的组织吸引力 21 个指标量表。在已有组织吸引力测评量表的基础上，结合科普组织特性，形成科普组织吸引力的测评题项，编制预试调查问卷。第二步，对科普组织吸引力影响要素进行预测，并对问卷进行了质和量的修正、处理，从而形成初步问卷。第三步，进行问卷调查发放，发放对象为合肥、杭州、宁波和南京地区面临择业问题的博士、硕士及应届大学毕业生；共发放问卷 500 份，回收有效问卷 467 份，运用 SPSS 19.0 软件对有效数据进行探索性因子分析，进行科普组织吸引力内涵维度的测量和具化，之后用 LISREL 8.7 对建构的科普组织吸引力影响作用机理模型拟合情况进行检验（见表 1）。

---

[1] 曾平英：《对科普教育人才队伍建设的几点思考》，《科协论坛（下半月）》2011 年第 7 期，第 180~181 页。

[2] P. Berthon, M. Ewing, L. L. Hah. "Captivating company: Dimensions of attractiveness in employer branding," *International Journal of Advertising* 2 (2005): 151–172.

[3] 殷志平：《雇主吸引力维度：初次求职者与再次求职者之间的对比》，《东南大学学报》（哲学社会科学版）2007 年第 3 期，第 57~61 页。

表1　KMO and Bartlett 的检验

取样足够度的 Kaiser-Meyer-Olkin 度量		0.857
Bartlett 的球形度检验	近似卡方	3357.820
	df	185.000
	Sig.	0.000

本文将累计方差贡献率 0.6 前的主成分作为对科普组织吸引力的解释。具体到每个主成分的内容构成,则是提取系数排在前 6 位的指标为代表,形成共 30 个题项作为最终结果。分析的结果如表 2 所示。

表2　探索性因子分析旋转成分矩阵

单位：%

主成分	1	2	3	4	5
方差贡献率	35.789	8.673	6.489	5.025	4.677
累计方差贡献率	35.789	44.462	50.951	55.976	60.653
科普工作能实现自我个人价值	0.702				
科普工作能有机会教授他人	0.760				
科普工作能为社会带来正能量	0.710				
从事科普工作让我更加自信	0.768				
科普工作提供了自我表现的机会	0.776				
为科普组织工作可以带给我良好感觉	0.771				
科普工作有良好的福利待遇		0.722			
科普工作绩效与报酬奖励直接挂钩		0.631			
科普组织经营稳定且持续发展		0.665			
科普工作工资高于平均水平		0.738			
科普组织财务绩效状况良好		0.736			
科普工作晋升制度明确、合理		0.750			
科普组织知名度高			0.678		
科普组织规模比较大			0.673		
科普组织所有制形式一般为国有			0.561		
科普工作场所环境让我感到放心			0.611		
科普工作性质安全稳定			0.619		
科普工作压力小			0.751		
科普组织具有较大的技术优势				0.752	
科普工作任务多样化			0.719		

续表

主成分	1	2	3	4	5
科普工作内容有趣				0.691	
科普工作经常变换工作内容且具有挑战性				0.618	
科普工作富有想象力和创造力				0.734	
科普工作时尚新潮				0.735	
科普工作出差机会多					0.549
科普工作国际化程度高					0.675
科普行业有良好发展前景					0.652
科普组织提供创新的产品和服务					0.650
科普组织有前瞻性的创新思维					0.583
科普工作可以得到他人的认可和尊重					0.679

根据各主成分所含 6 项指标的构成进行内容分析和特征提取，进行科普组织吸引力 5 个主成分的命名。第 1 主成分中系数最大的前 6 项原始指标为：科普工作能实现自我个人价值、科普工作能有机会教授他人、科普工作能为社会带来正能量、从事科普工作让我更加自信、科普工作提供了自我表现的机会、为科普组织工作可以带给我良好感觉。这些指标反映了应聘者对社会贡献、自我成就的态度，可命名为"社会成就价值"。第 2 主成分所含指标涉及核心内容有福利待遇、绩效报酬、组织经营和发展、工资水平、财务绩效和工作晋升，显然这些都是经济要素，关系求职者现阶段与未来的收入预期，将影响其物质生活，因此将其命名为"经济保障价值"。第 3 主成分指标分别为科普组织知名度、组织规模、组织所有制形式、工作场所环境、工作性质安全稳定性、工作压力等，这 6 项内容表达了求职者对职业环境稳定和安全的诉求，因此命名为"心理稳定价值"。第 4 主成分以"工作特性价值"命名，主要是因为其包含技术优势、任务多样化、工作内容有趣性、工作内容具有挑战性、富有想象力和创造力、时尚新潮这些与工作特性相关的指标。第 5 主成分的 6 项主要指标可以概括为"成长发展价值"，包含科普工作出差机会多、科普工作国际化程度高、科普行业有良好发展前景、科普组织提供创新的产品和服务、科普组织有前瞻性的创新思维、科普

工作可以得到他人的认可和尊重，反映了求职者对个人职业成长发展的愿望。

本文的正式问卷包含两方面内容：潜在科普人才的社会属性以及潜在科普人才关于科普组织吸引力因素及影响的现状调查。其中，潜在人才社会属性主要是人口统计学变量，比如性别、年龄、教育程度、专业学科等要素，之后又补充了毕业后期待月收入和对科普相关工作的信息认识来源两个选项；科普组织吸引力因素及影响的现状调查内容为：科普组织吸引力的维度构成，潜在人才的就业意愿。

在问项数量上，本文合计40项，包括个人基本资料信息6项、科普组织吸引力结构维度问项30项、科普组织吸引力结果问项1项、就业意愿问项3项。本次问卷调查采用李克特五级量表，评分区间为1～5分，分值越低越表示对该项指标不同意，感觉该项指标越不重要或越不符合，评分越高表示越同意、越重要或越符合。

四 研究假设与数据分析

（一）研究假设

（1）不同求职者由于性别和教育背景等要素的不同而对组织和工作的岗位偏好及热情存在较大差异。有国外学者对潜在的求职者进行求职选择研究发现，男性和女性对同一工作有着不同的看法和评价。[1] 我国国内学者对性别对求职组织岗位的吸引力特征也做了相关研究，吕俊和汤书昆[2]通过实证研究发现，性别差异对科普工作属性和组织吸引力感知存在显著影响。据

---

[1] Chapman D. S., Uggerslev K. L., Carroll S. A., et al., "Applicant Attraction to Organizations and Job Choice: A Meta - Analytic Review of the Correlates of Recruiting Outcomes," *Journal of Applied Psychology* 5 (2005): 928 - 944.

[2] 吕俊、汤书昆：《基于求职者视角的科普组织人才吸引力影响因素研究》，《科普研究》2018年第2期，第12～18页。

此，本文针对潜在人才的人口统计学特征差异对科普组织吸引力感知问题进行探索，提出以下假设。

H1：人口统计学特征差异对科普组织吸引力感知存在显著影响。

（2）已有学者研究论证了组织吸引力感知对求职意向和进一步采取行动的积极影响。如Ajzen认为，求职者的态度可能影响对某个组织的选择，只有个体被吸引，才会有进一步采取行动的可能。[1] 也就是说，只有当求职者参与应聘，并感受到来自该组织或工作的吸引，接受工作邀约，最终才能到该组织中去工作。Hoye和Lievens发现，组织吸引力会帮助求职者对该企业产生积极的判断，可以有效帮助求职者改善负面认知，进而有效提升求职者的加入概率。[2] Mclean则认为，具有较高吸引力的组织能够吸引更多的人才参与应聘，能够大幅减少招聘成本。[3] 据此，本文提出相关假设如下。

H2：潜在人才的组织吸引力感知显著正向影响其科普组织就业意愿。

H2a：潜在人才的社会成就价值感知显著正向影响其科普组织就业意愿。

H2b：潜在人才的经济保障价值感知显著正向影响其科普组织就业意愿。

H2c：潜在人才的心理稳定价值感知显著正向影响其科普组织就业意愿。

H2d：潜在人才的工作特性价值感知显著正向影响其科普组织就业意愿。

H2e：潜在人才的成长发展价值感知显著正向影响其科普组织就业意愿。

---

[1] Ajzen, Icek. *Understanding Attitudes and Predicting Social Behavior* (Englewood: Prentice-Hall, 1980), 249–259.

[2] Hoye G. V., Lievens F., "Recruitment-Related Information Sources and Organizational Attractiveness: Can Something Be Done About Negative Publicity," *International journal of selection and assessment* 3 (2005): 179–187.

[3] McLean, R. Alignment, "Using the Balanced Scorecard to Create Corporate Synergies," *Australian Journal of Management* 2 (2006): 367–369.

（二）样本特征

本文主要是想研究组织吸引力对科普人才求职的影响，因而研究对象应为潜在专职科普人才（以下简称"潜在人才"），根据现实情况，大多数的科普组织求职专职人才来自高校，因而本文将研究对象样本放在高校应届毕业生中，并涵盖大部分的专业学科，尤其是与科普相关的专业学科。本文采用实地调查及网络调查两种方式。实地调查主要面向合肥、杭州、宁波三地的高校，被调查者学历涵盖大专至博士研究生，尤其是对宁波城市职业技术学院、浙江传媒学院、安徽大学、中国科学技术大学等跟科普工作相关度比较密切的高校学院深入取样，比如安徽大学的新闻传播学院、中国科学技术大学的人文与社会科学学院等，网络调查问卷面向全国相关专业学生发放。最终共回收问卷522份，其中无效问卷36份已被剔除，合计有效数据样本486份进入统计。

（三）人口特征描述

本文样本的人口统计特征如表3所示。

表3　人口统计特征描述

单位：人，%

指标	类别	人数	占比	指标	类别	人数	占比
性别	男	275	56.6	专业学科	理工科	193	39.7
	女	211	43.4		人文社科	154	31.7
年龄	20岁及以下	71	14.6		教育	34	7.0
	21~29岁	378	77.8		其他	105	21.6
	30岁及以上	37	7.6	对科普工作认识的主要来源	学校相关课程	108	22.2
受教育程度	大学生	230	47.3		讲座培训	25	5.2
	硕士生	189	38.9		电视\报纸\杂志	77	15.8
					网络	235	48.4
	博士生	67	13.8		其他	41	8.4

问卷量表和数据作为围绕研究问题设计的综合评价体系与基础，在取样后，需要对其准确性及有用性等进行度量，以确保最终研究结果的准确性。为达到该目的，本文使用信度分析和效度分析做出检验，因为信度分析（Reliability Analysis）是专门用于测量调查问卷的稳定性、可靠性和一致性的，效度分析能够反映出本文考查内容的程度，显示测量结果和测量内容的准确性，因而通过这两种分析方法就可以保证最终结果的准确性与实用性。科普组织吸引力感知各维度、就业意愿等变量的测量量表信度值均在0.7以上，且大多数量表信度系数达到0.9以上，表明样本数据的信度水平较高。在此基础上，进一步运用因子分析法对测量变量的累计变异量进行分析，结果如表4所示。

表4 量表信度分析结果

变量		量表条目	Cronbach's ∂值	累积变异量
科普组织吸引力	社会成就价值	6	0.941	0.2495
	经济保障价值	6	0.942	0.3511
	心理稳定价值	6	0.910	0.5200
	工作特性价值	6	0.940	0.6799
	成长发展价值	5	0.937	0.5974
就业意愿		3	0.939	0.8363

（四）科普组织吸引力人口学特征差异分析

本节采用方差分析，检验潜在科普人才的性别、受教育程度、学科专业背景等差异对其科普组织吸引力感知的影响。

1. 性别差异分析

为了比较男性与女性潜在人才在科普组织吸引力感知上的区别，以性别为因子，以科普组织吸引力五维度为因子变量，进行单因素方差分析，结果如表5所示。第一，比较均值可以看出，科普组织吸引力五维度中，男性与女性潜在人才对经济保障价值的感知上都比较低，成长发展价值感知则相对较高；第二，从方差分析结果可以看出，女性潜在人才对科普组织吸引力中，心理稳定价值的感知（3.95）显著高于男性（3.75），而在工作特性价值的感知上男性（4.01）显著高于女性（3.83）；第三，男性与女性潜在人才在科普组织吸引力的社会成就价值、心理稳定价值及成长发展价值三维度上感知差异不显著。

表5 不同性别潜在人才科普组织吸引力感知ANOVA差异分析

变量	社会成就价值	经济保障价值	心理稳定价值	工作特性价值	成长发展价值
总体	3.98	3.70	3.84	3.93	3.92
男性	4.04	3.74	3.75	4.01	3.97
女性	3.91	3.67	3.95	3.83	3.86
F值	2.071	0.757	3.405	2.967	1.415
Sig.	0.151	0.385	0.016	0.042	0.235

2. 学历差异分析

为了探知潜在人才在科普组织吸引力感知上的规律，将不同学历潜在人才的科普吸引力感知情况进行对比。运用方差分析，将潜在人才的受教育程度按照大学（包括本科和专科）、硕士、博士三个层次，分别对科普组织吸引力的社会成就价值、经济保障价值、心理稳定价值、工作特性价值、成长发展价值五个维度的感知进行差异分析。结果显示，不同学历潜在人才在科普组织吸引力感知各维度上均表现出一定的特征或显著差异（见表6）。

表6 不同学历潜在人才科普组织吸引力感知ANOVA差异分析

变量	社会成就价值	经济保障价值	心理稳定价值	工作特性价值	成长发展价值
大学生	3.94	3.87	3.96	3.71	3.87
硕士生	3.98	3.56	3.77	4.28	3.82
博士生	4.16	3.54	3.63	3.71	4.38
F值	0.834	2.980	3.144	5.736	5.309
Sig.	0.435	0.050	0.044	0.004	0.005

进一步分析表明：第一，整体上潜在人才对社会成就价值的感知相对较高，大学教育层次的潜在人才对社会成就价值的感知最低，博士教育层次的潜在人才对社会成就价值的感知最高，即随着潜在人才的受教育程度增高，其对社会成就价值的感知相应递增。第二，对不同学历潜在人才经济保障价值感知进行LSD均值多重比较，结果显示，大学教育层次潜在人才的经济保障价值感知均显著高于硕士和博士层次人才，而硕士与博士层次潜在人才之间在经济保障价值感知上差异不显著。即随着潜在人才的受教育程度增高，其对科普组织经济保障价值的感知相应递减。第三，大学教育层次潜在人才的心理稳定价值感知均显著高于硕士和博士层次人才，而硕士与博士层次潜在人才之间在心理稳定价值感知上差异不显著，这一特征与经济保障维度类似。大学教育层次的潜在人才心理稳定价值的感知最高，博士教育层次的潜在人才对心理稳定价值的感知最低。第四，硕士教育层次的潜在人才工作特性价值感知均显著高于大学和博士层次人才，而大学与博士层次潜在人才之间在工作特性价值感知上差异不显著。第五，博士教育层次的潜在人才成长发展价值感知均显著高于大学和硕士层次人才，而大学与硕士层次潜在人才之间在成长发展价值感知上无显著差异。

3. 专业背景差异分析

为了考察专业背景对潜在人才科普组织吸引力感知的影响，采用单因素方差分析对理工科类、人文社科类、教育类等专业背景的潜在人才的科普组织吸引力感知差异进行检验，结果显示，不同专业背景的潜在人才在科普组织吸引力社会成就价值与经济保障价值两个维度的感知上存在显著差异，而对心理稳定价值、工作特性价值及成长发展价值的感知差异不显著（见表7）。

表7 不同专业潜在人才科普组织吸引力感知 ANOVA 差异分析

变量	社会成就价值	心理稳定价值	经济保障价值	工作特性价值	成长发展价值
理工科类	4.01	3.68	3.80	4.00	3.95
人文社科类	3.68	3.85	3.52	3.85	3.80
教育类	4.18	3.95	4.10	4.13	4.02
F 值	4.275	1.363	2.869	2.137	1.270
Sig.	0.006	0.254	0.049	0.095	0.284

基于以上分析，针对两项感知差异显著的科普组织吸引力维度，进一步组建 LSD 均值多重比较，以明确不同专业背景潜在人才在社会成就价值、经济保障价值感知上的具体差异，结果显示，教育类是对科普组织社会成就价值和经济保障价值感知最高的专业，且在社会成就价值和经济保障价值的感知上显著高于人文社科类。

（五）科普组织吸引力对就业意愿的影响分析

根据对样本数据进行数据分析，基于 LISREL 统计软件对模型进行因素分析得出相关因子和拟合指数。数据结果显示，各个观测变量的因子负荷量（λ）均大于 0.5，t 值均大于 1.96（即 t 大于 0.05 的显著水平），模型拟合指数均符合检验标准，说明科普组织吸引力影响与作用机制验证性因子具有较好的拟合性，即科普组织吸引力影响与作用机制的问卷各个测量变量以及各自题目之间有着良好的相关性，说明问卷中的各个题目和观测变量，科普组织吸引力与就业意向间关系设置是正确的（见表 8）。

表 8　科普组织吸引力影响与作用机制模型拟合指数

指标	拟合指数					
	χ^2	χ^2/df	RMSEA	NFI	NNFI	CFI
拟合指数	236.77	2.21	0.08	0.95	0.93	0.94
检验标准	越小越好	<3	<0.1	>0.9	>0.9	>0.9

此外，根据要求，建构信度（CR）要求大于 0.7，平均变异抽取量（AVE）大于 0.5，本文对各个因素之间关系进行评价分析，发现结构方程模型有着良好的拟合性，符合假设检验的要求。将科普组织吸引力对就业意愿影响关系假设进行验证，结果如表 9 所示。

由表 9 可知，H2a、H2b、H2c、H2d、H2e、H2 的标准化参数均大于 0，t 值大于 1.96，假设成立，即潜在人才的科普组织吸引力感知各维度均对其科普组织就业意愿具有显著正向影响；潜在人才科普组织吸引力感知五

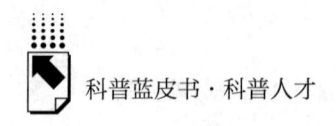

维度对科普组织就业意愿的影响依次为：工作特性价值、心理稳定价值、社会成就价值、成长发展价值、经济保障价值。

表9 科普组织吸引力对就业意愿影响关系假设验证

假设	标准化参数	t值	结论
H2:潜在人才组织吸引力感知显著正向影响其科普组织就业意愿	0.51	8.01	支持
H2a:潜在人才的社会成就价值感知显著正向影响其科普组织就业意愿	0.86	7.89	支持
H2b:潜在人才的经济保障价值感知显著正向影响其科普组织就业意愿	0.78	8.31	支持
H2c:潜在人才的心理稳定价值感知显著正向影响其科普组织就业意愿	0.93	10.41	支持
H2d:潜在人才的工作特性价值感知显著正向影响其科普组织就业意愿	0.96	16.46	支持
H2e:潜在人才的成长发展价值感知显著正向影响其科普组织就业意愿	0.80	8.44	支持

五 结论

通过实证分析，本文得到以下结论。

（一）科普组织吸引力模型

科普组织吸引力模型由5个一级维度要素构建：社会成就价值，反映潜在人才对社会贡献、自我成就的态度；经济保障价值，反映潜在人才现阶段与未来的收入预期；心理稳定价值，反映潜在人才的稳定性和安全性诉求；工作特性价值，反映潜在人才对工作的兴趣诉求；成长发展价值，反映了潜在人才对职业成长发展的诉求。5个一级维度要素又进一步分解为多个二级要素。

根据结构方程验证性分析结果，以上五个科普组织吸引力维度可以构成较为稳定的一阶五因子结构和二阶单因子结构，即科普组织吸引力可以作为一个整体发生作用。

（二）科普组织吸引力感知的差异性

本文将科普潜在人才按照性别、学历、专业背景（人文社科类、理工科类、教育类）进行分类，从科普组织吸引力视角考察，发现各类人才表现显著不同。整体上，潜在人才对科普组织吸引力的感知评价不高。其中，潜在人才对科普组织工作特性价值维度的吸引力感知最高，对经济保障价值维度的吸引力感知最低。可见，薪资待遇低、绩效不合理、晋升制度不明确等问题，是制约潜在人才对科普组织吸引力积极感知的重要因素，这与林爱兵等[1]、吕俊等[2]的研究结论一致。

性别因素对潜在人才科普组织心理稳定价值与工作特性价值的吸引力感知影响显著。具体为：第一，女性潜在人才对科普组织吸引力心理稳定价值的感知显著高于男性；第二，男性潜在人才对科普组织吸引力工作特性价值的感知显著高于女性；第三，男性与女性潜在人才在科普组织吸引力的社会成就价值、经济保障价值及成长发展价值三维度上感知差异不显著。得出本结论的原因及反映的情况可能是：一方面，男性往往在工作内容与事业发展上投入更多的关注，而科普工作的交融性、多样性、挑战性和趣味性能够对其产生较强的吸引力；另一方面，受社会文化和家庭分工的影响，女性更加偏好稳定、能够平衡家庭的工作，因而对科普组织的强大、声望、安全、稳定等特征的吸引力感知强烈。

学历因素对潜在人才科普组织经济保障价值、心理稳定价值、工作特性价值及成长发展价值的吸引力感知影响显著，而对社会成就价值维度吸引力感知影响不显著。

---

[1] 林爱兵、刘颖：《全国科普教育基地人才队伍建设现状及发展策略研究——全国科普教育基地现状调查》，《科普研究》2008年第1期，第6~12页。

[2] 吕俊、汤书昆：《基于求职者视角的科普组织人才吸引力影响因素研究》，《科普研究》2018年第2期，第12~18页。

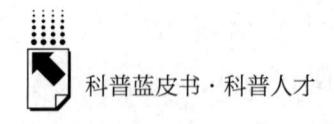

不同专业背景的潜在人才在科普组织吸引力社会成就价值与经济保障价值两维度的感知上存在显著差异，而对心理稳定价值、工作特性价值及成长发展价值的感知差异不显著。教育类是对科普组织社会成就价值和经济保障价值感知最高的专业，且在社会成就价值和经济保障价值的感知上显著高于人文社科类。得出这一结论的原因可能是，教育类专业的学生社会责任感和教育奉献精神都比较强，且专业本身与科普类工作关联度高，因此其对科普组织的社会成就价值与经济保障价值吸引力感知明显高于其他专业背景人才。

（三）科普组织吸引力感知对潜在人才就业意愿的影响

结果表明，对于求职者而言，科普组织吸引力各维度与求职者就业意愿正相关，但是重要性不同。其中工作特性价值重要性最大，经济保障价值重要性最小。心理稳定价值、社会成就价值和成长发展价值居中。

六　启示与建议

（一）提升科普从业单位的吸引力

1. 应提供合理的经济保障和稳定的工作环境

无论在理论上还是实践上，薪资待遇低、绩效不合理等问题，都是阻碍科普组织吸引人才的重要因素。因此应从基础保障角度出发，构建合理的经济保障和稳定的工作环境，解决科普潜在人才对于生存问题的焦虑。

由于科普从业单位类型多样，难以给出细致入微的建议，在此给出一些方向性的建议。在政策供给上，政府层面出台针对科普人员的相应政策，确保应有的基础保障，创造有利于科普人才集聚的良好环境；搭建科普人才创新激励平台，创设奖励制度，并且提供良好的社会及工作环境。

2. 明确职业成长发展制度，增加岗位的发展空间

成长性方面，提示科普从业单位要加强组织结构建设；给组织中各个岗

位的员工提供发展的空间，鼓励员工成长。例如建立科普人才多元评价机制，促进高质量的科普人才成长，给予科普人才在多方面如工资待遇、成果出版等的大力支持。同时要加强对科普从业人员工作成果的认可和接受，在年终考核、职称评审等方面，将科普从业成果纳入进来。提供科普人才发展支持，如培训、团队文化建设等，提高科普人才工作归属感，以更好地吸引潜在科普人才。

（二）提升科普组织的公众形象

构建并传播科普从业单位和从业人员的岗位形象。当前，公众将科普从业单位等同于科技馆和博物馆等传统科普组织，对科普产业领域的单位及其科普工作缺乏认知。由此，要加强与公众的沟通，让公众正确地了解科普从业单位的全貌。为此，要正确构建科普组织与科普岗位形象。当前新媒体在传播方面声势很大，成为传播的主媒体。建议传播媒体要侧重新媒体。

（三）提高科普组织吸引力水平，加强科普产业人才队伍建设

1. 追本溯源，从"源头"解决科普人才队伍建设困境

为提升科普组织吸引力，缓解科普人才短缺现象，应从以下方面入手：第一，无论从国家层面还是科技馆、科技协会等社会层面都应该切实组织好人才的流入，合理分配好队伍职能，分工协作，把科普人才的培养和队伍建设纳入长远规划，完善政策导向和评估体制；第二，利用经济手段切实提高员工积极性，在人才队伍建设中起到促进保障作用，为科普人才的凝聚提供力量，吸引更多的科普潜在人才加入科普建设队伍，为其提供充足的"养分"；第三，要在科普人才的发展道路上提供支持，通过高校和科普组织等为其进行专门培训教育，通过研究和探索用人机制、培养机制等理论架构和实践延伸，从"源头"上扩充潜在科普人才的供给，缓解科普人才短缺现状。

2. 加大高层次科普人才的培养力度，优化现有人才结构

在人才队伍建设中要提高科普人才的层次。因此，在当前已经开展的高

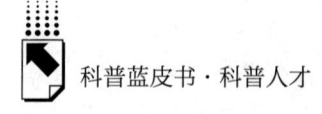

层次科普人才培养试点工作的基础上，要加大培养规模，为科普领域提供优质的人才。在国家层面，设立高层次科普人才遴选计划项目，扶持有分量、有水平的地方高层次科普人才培养计划，为科普从业人才成长提供有力支撑。各类协会牵头科普人才的培养工作，形成多领域科普人才培养的态势。

3. 提高科普从业单位的认同水平

从国家层面要明确科普从业单位的定位。科普从业单位包括事业单位和产业单位。科普事业和科普产业的定位要明确，并且逐渐向社会公众传播，让科普从业单位的正面形象扎根到广大公众心中，进而提高科普从业单位的公众认同水平。

B.9 基于人才分类评价的北京科学传播人才职称案例研究

牛桂芹*

摘　要： 人才评价、职称评审是人才发展体制机制的重要组成部分，是人才引进、培养、使用和流动等环节的关键。本文以基于人才分类评价的北京科学传播职称的设立为研究对象，讨论北京市在科学传播人才评价、职称评审方面所做的实践探索与面临的主要问题，对如何进一步发挥科学传播人才评价、职称评审的"指挥棒"作用，加强科学传播人才队伍建设提出了改进建议。

关键词： 分类评价　职称评审　科学传播人才

一　引言

2019年，《北京市图书资料系列（科学传播）专业技术资格评价试行办法》首次增设科学传播专业职称，并在职称评价过程中采用分类评价标准和"代表作"评审。这对科普人才培养来说是一个重大的里程碑，它标志着科普人才工作得到了社会的认可，而且有了属于自己的名字"科学传播"人才。科学传播事业是一项复杂的系统性社会工程，需

---

* 牛桂芹，清华大学科技哲学博士，中国科协培训和人才服务中心副研究员，研究方向为科学传播与普及、科技人才、科技政策。

要充分发掘和利用好人才这一"第一资源"。评价机制是否科学，评价标准是否合理，对于引导科学传播人才成长、促进科学传播事业发展至关重要。

（一）科学传播人才评价、职称评审是科学传播事业发展、学科建设的必要保障

人才队伍建设始终是科学传播事业发展的瓶颈。我国科学传播实践发展历史久远，但至今仍未建立起对应的学科、专业。已有的科学传播从业者来自不同学科（领域）和行业，专业水平参差不齐，科学合理的人才分类评价标准没有建立起来，职称制度缺失，大大影响了现有从业人员的积极性，阻碍了人才队伍建设的健康发展，同时也会将更多有可能进入科学传播事业的专家学者拒之门外。[①]

科学传播人才评价、职称评审是该领域人才发展的"指挥棒"，是科学传播人才队伍建设的关键环节，直接影响着科学传播人才的发展目标和价值取向。[②]因此，深入贯彻落实近几年中央关于人才分类评价的改革精神，努力构建以品德为先，不仅注重知识，更加注重能力、实际业绩和贡献等方面的人才指标体系，形成科学合理、目标明确、激励有效的科学传播人才评价和职称评审的体系机制，对于吸引更多各行各业专家学者进入科学传播领域，引领带动广大科学传播从业者为我国创新驱动发展战略的深入有效实施、为促进建设世界科技强国有着十分重要的意义。在这样的环境下，北京的科学传播职称实践探索发挥了重要的引领作用，为我国科学传播职称制度的确立、科学传播人才评价机制的建立奠定了重要基础。

---

① 吴欣：《高层次创新型科技人才评价指标体系研究》，《信息资源管理学报》2014年第3期，第107~113页。
② 顾卓：《科技人才创新能力评价指标体系的相关研究》，《科技展望》2016年第32期，第300页。

（二）北京在科学传播领域具有独特的社会生态，理应发挥重要的示范、引领作用

2016年5月30日，习近平总书记在全国科技创新大会上用形象的比喻深刻揭示了科学普及对于创新发展的重要意义。他指出："科技创新、科学普及是实现创新发展的两翼，要把科学普及放在与科技创新同等重要的位置。"[①] 党的十九大对建设创新型国家做出全面部署，强调要"倡导创新文化""弘扬科学精神，普及科学知识"。北京推进科技创新中心建设，需要日益提高的全民科学素质作为坚固持久的基础支撑，需要科技创新和科学普及这两只"翅膀"同向发力、协同配合。科学普及，既是科技创新中心建设的重点任务，也是科技创新中心建设的基础工程。

北京城市发展中长期总体规划就着重强调了人才与首都发展的互促作用，明确要求："培养世界一流人才，形成学术大师、文化名家和领军人才荟萃的生动局面，强化人才培养与首都发展互促互进。"[②] 依此规划要求，本着科学普及与科技创新一体两翼的理念，北京作为首都，作为全国政治、文化、国际交往和科技创新的中心，科学传播与科学普及人才评价和职称评审工作迫在眉睫。

北京科学传播机构林立，科学传播场馆、基地云集，人才高度会聚，科学传播资源有着独特优势。目前，北京市大约共有科学传播专业技术人员5万余人，[③] 同时来自各行各业的科普志愿者与日俱增，还有一些通过互联网、新媒体等渠道开展科学传播工作的专业技术人员也大量涌现。他们有着丰硕的成果，具备较高的专业素质，但没有职称晋升渠道，无法得到行业和

---

① 习近平：《为建设世界科技强国而奋斗——在全国科技创新大会、两院院士大会、中国科协第九次全国代表大会上的讲话》，《科协论坛》2016年第6期，第4~9页。
② 中共北京市委、北京市人民政府：《北京城市总体规划（2016年~2035年）》，2017年9月29日。
③ 佚名：《本市全面深化职称制度改革 增设科学传播职称专业 科学传播人才首评职称 职称用能力和业绩来说话》，北京继续教育网，2019年6月18日。

社会的认可，严重影响了我国科学传播事业的发展。因此，北京增设科学传播专业职称，用来满足科学传播专业技术人才的职业发展需要，从而吸引更多人才从事科学传播与普及工作，这对于促进北京科普事业的健康发展具有重要的推动作用，同时也必然会带动、引领全国其他省市科学传播专业人才评价、职称评审工作的推进。

二　北京科学传播职称产生的政策环境

在国家宏观层面人才分类评价改革政策颁布实施的基础上，北京市积极创新政策，推进人才评价、职称评审体系机制改革，伴随科学传播事业发展的人才需求，北京科学传播职称评价应运而生。

（一）我国人才分类评价改革政策提出了必然要求

近年来，中央下发了一系列关于推进人才发展体制机制改革、分类评价机制改革、项目评审和机构评估改革等方面的文件，对新时代科技人才评价工作提出了新的要求，强调要改革科技人才评价制度，建立健全以创新能力、质量、贡献、绩效为导向的科技人才评价体系（见表1）。其中，2016年颁布并实施的《关于深化人才发展体制机制改革的意见》，在人才评价机制的创新、"指挥棒"作用的发挥等方面做出了重要部署；2018年印发的《关于分类推进人才评价机制改革的指导意见》提出了人才分类的依据（职业属性和岗位要求）和分类评价标准依据的核心要素，即品德、知识、能力、业绩和贡献等；同年印发的《关于深化项目评审、人才评价、机构评估改革的意见》，要求各地区各部门结合实际实现更大突破，基本形成适应创新驱动发展要求、符合科技创新规律、突出质量贡献绩效导向的人才分类评价体系。2017年1月，中央也专门针对职称制度改革问题印发了文件，对职称评价标准、体系机制等重要问题提出了明确要求，同时要求将人才培养使用和职称评价紧密结合。

表1　我国人才分类评价改革政策情况

发文主体	发布日期	文件名称	主要内容示例
中共中央	2016年3月	《关于深化人才发展体制机制改革的意见》	突出用人主体在职称评审中的主导作用,合理界定和下放职称评审权限等; 突出品德、能力和业绩评价; 改进人才评价考核方式,加快建立科学化、社会化、市场化的人才评价制度
中共中央、国务院	2016年11月	《关于深化职称制度改革的实施意见》	坚持德才兼备、以德为先; 科学分类评价专业技术人才能力素质; 突出专业技术人才的业绩水平和实际贡献; 丰富职称评价方式; 拓展职称评价人员范围; 推进职称评审社会化; 促进职称评价与人才培养使用相结合; 促进职称制度与人才培养制度的有效衔接; 促进职称制度与用人制度的有效衔接
中共中央、国务院	2018年2月	《关于分类推进人才评价机制改革的指导意见》	围绕实施人才强国战略和创新驱动发展战略,以科学分类为基础,以激发人才创新创业活力为目的,加快形成导向明确、精准科学、规范有序、竞争择优的科学化社会化市场化人才评价机制
中共中央、国务院	2018年7月	《关于深化项目评审、人才评价、机构评估改革的意见》	以构建科学、规范、高效、诚信的科技评价体系为目标,以改革科研项目评审、人才评价、机构评估为关键,统筹自然科学和哲学社会科学等不同学科门类,推进分类评价制度建设,发挥好评价"指挥棒"和风向标作用,营造潜心研究、追求卓越、风清气正的科研环境,形成中国特色科技评价体系
人社部	2019年7月	《职称评审管理暂行规定》	职称评审以品德、能力、业绩为导向,坚持德才兼备、以德为先; 注重考察专业技术人才的专业性、技术性、实践性、创新性,突出评价专业技术人才的业绩水平和实际贡献; 评审标准实行国家标准、地区标准和单位标准相结合。人力资源社会保障部会同有关行业主管部门制定颁布各职称系列基本标准条件。各地区结合本地实际情况,制定本地区职称评审标准。具有自主评审权的企事业单位可制定本单位自主评审标准。各地区、各单位制定的评审标准应当不低于国家基本标准

综合而言，近几年党和国家关于推进人才评价改革的一系列方针政策的核心理念主要包括：一是破除"唯论文"，按照"干什么、评什么"的原则进行分类评价；二是突出品德评价，坚持以品德为先的原则；三是注重素质、能力，以及实际的业绩和贡献；四是破除传统评价的片面性，注重围绕社会效益的综合评价；五是破"四唯""五唯"成为人才评价改革的焦点问题。

（二）北京市根据中央要求积极出台政策推进改革

根据中央要求，北京市结合首都城市战略定位和人才发展需要，积极创新政策，推进人才评价的体系机制改革（见表2）。比如：2016年发布的《中共北京市委关于深化首都人才发展体制机制改革的实施意见》，对人才评价机制的创新和职称制度的全面深化改革提出了明确要求；2018年发布的《北京市关于全面深化改革、扩大对外开放重要举措的行动计划》，将人才评价方式、指标设立、用人单位作用发挥、制度建设等方面的相应规定纳入了北京市全面深化改革的重大举措；2018年2月，北京市专门出台了有关职称制度改革的文件，要求在改革过程中，坚持党管人才原则，紧密围绕首都城市战略定位需求。同时对人才分类评价的原则、理念、目的、标准等进行了说明，提出通过3~5年时间完成职称各系列、专业、层级的布局调整任务，突出强调了对道德品质的重视。

表2 北京市人才评价改革政策情况

发文主体	发布时间	文件名称	主要内容示例
北京市委	2016年6月	《中共北京市委关于深化首都人才发展体制机制改革的实施意见》	创新人才评价机制方面：注重凭能力、实绩和贡献评价人才，适当延长优秀青年科技人才评价周期，注重引入国际同行评价、代表性成果评价等方式，引入专业性较强、信誉度较高的第三方机构参与人才评价； 全面深化职称制度改革方面：开展新兴领域职称评审试点，进一步推进职称评审社会化改革，鼓励支持更多的学会、行业协会、专业人才评价机构等社会组织承担职称评价的服务工作，完善"个人自主申报、社会统一评价、单位择优聘任"的职称评价机制，突出用人主体的主导作用

续表

发文主体	发布时间	文件名称	主要内容示例
中共北京市委、北京市人民政府	2018年2月	《中共北京市委办公厅北京市人民政府办公厅印发〈关于深化职称制度改革的实施意见〉的通知》	遵循人才成长规律，以职业分类为基础，以科学评价为核心，以促进人才开发使用为目的，建立符合北京特点的科学化、规范化、社会化职称制度，为客观、科学、公正评价专业技术人才提供制度保障； 坚持德才兼备、以德为先； 分类评价专业技术人才的能力、业绩和贡献； 建立体现职业属性和岗位特点的评价标准
中共北京市委、北京市人民政府	2018年7月	《北京市关于全面深化改革、扩大对外开放重要举措的行动计划》	改进人才评价方式，科学设立人才评价指标，强化用人单位人才评价主体地位，建立健全以创新能力、质量、贡献为导向的科技人才评价体系，形成并实施有利于科技人才潜心研究和创新的评价制度

三 北京科学传播职称产生的实践环境及基础

针对近年来人才分类评价政策的出台和社会不同层面的反映，许多专家学者积极研究建言，北京市努力实践，大力推进职称制度改革，积累了丰富的经验，为科学传播职称评价工作提供了重要参考和基础。

（一）专家学者积极提供实践指导的理念参考

专家学者围绕我国关于人才分类评价的政策内容及社会反响积极研究并发声，理论与实践研究并重，观点异彩纷呈，为我国人才评价有关政策的合理落实和进一步提升提供了重要参考。[①]

其中，对于人才评价、职称评审更具有实践指导和警示意义的观点主要

---

① 刘亚静、潘云涛、赵筱媛：《高层次科技人才多元评价指标体系构建研究》，《科技管理研究》2017年第24期，第61~67页。

在于去"四唯"（或"五唯"）方面。[①] 他们的观点主要集中于下列六个方面：其一，整体认可对科技人才评价的去"四唯"（或"五唯"）观点，期待发挥好人才评价的"指挥棒"和激励作用；其二，提出"破立并举"观点，要尽快建立完善科学合理的综合评价指标体系和评价机制；其三，提出要警惕极端化现象，对传统评价的4个维度或5个维度指标均表示肯定，认为反对"四唯"，不是指这些指标不重要，也不是要求在评价中去除这些指标，而是重在反对"唯"字，指不能单独依据这些指标片面评价，或者夸大甚至滥用这些指标的评价作用；其四，提出分类别精准化评价，推行代表作评价制度，强调代表性成果的质量、贡献和影响力，将道德、能力、业绩、潜力等作为评价的重要核心指标；其五，指出行政干预下的评价主体弊端，要求推进同行评议，实现扁平化评价，同时要求提高评价主体的专业化素质，推进专业评价；其六，赞同采用定量和定性相结合的综合评价方式。

（二）北京市科技人才分类评价机制为科学传播职称评价工作提供了重要借鉴

北京市努力改进科技人才评价理念，按照人才评价机制改革方向，从科学客观评价和解放科技人才出发，积极探索科技人才分类评价机制，发挥了重要"指挥棒"和风向标作用，为科学合理的科学传播职称评价工作提供了重要借鉴。

2018年1月，北京市教育委员会等六部门发布改革文件，推进高等教育领域在人才服务方面的简政放权改革工作，将职称评审权下放至市属高等院校，由各高等院校自主对教职员工进行评价，[②] 大大提高了高等院校选人、用人的主体地位，优化了人才服务实效。同期，北京市人力资源和社会保障局针对科研机构进行了改革，出台管理办法，面向条件成熟的科研机构

[①] 连娜：《科研院所科技人才综合指标评价体系建设研究》，《中国城乡企业卫生》2018年第8期，第8~10页。

[②] 北京市教育委员会等：《北京市教育委员会等六部门关于深化高等教育领域简政放权放管结合优化服务改革的实施意见》（京教策〔2018〕4号），2018年1月5日。

（包括新型智库），下放职称评价自主权，推进科研机构专业技术职务的评聘改革，重点解决人才使用"能上不能下"的问题，支持用人单位完善考核制度，① 提升科研机构对专业技术人员评价评审及聘用的自主性和规范性。

同时，为了加快推进高层次人才队伍建设，北京市按照行业"代表性强、突出重点、发展需要"的原则，首次推行职称评审代表作制度，由评论文转向评成果，构建了体现人才评价改革精神的职称分类评价标准，面向企业高层次人才建立破格申报通道，按照突出"干什么、评什么"的原则，以品德、能力、业绩、贡献为导向，按照职业属性和岗位职责对人才进行分类，量身定制不同评价标准和考核要素权重，打破传统"一刀切"思路，突破以前"一把尺子量到底"的评价弊端。目前，北京市通过"直通车"模式已经评选出各类人才616人。②

四　北京科学传播职称评价特点及价值

北京首次在全国率先增设科学传播专业职称，是深入贯彻落实中央人才分类评价指示精神的具体举措，并且体现出独有特色，为北京科学传播领域专业技术人员开辟了评价职称的通道，在规范我国科学传播行业人才评价、促进从业人员职业发展等方面发挥了重要的示范和导向作用。

（一）扎实的前期工作

1. 系统调研先行

为做好北京市科学传播工作者职称评定和资格认证工作，为科学传播工作者成长提供正确导向和广阔空间，北京市人社局、北京市科学技术协

---

① 北京市人力资源和社会保障局：《北京市科研机构专业技术职务自主评聘管理办法》（京人社专技发〔2018〕16号），2018年1月19日。
② 陶庆华、张涛：《北京市哲学社会科学人才评价机制改革研究》，载刘敏华主编《北京人才蓝皮书：北京人才发展报告（2018）》，社会科学文献出版社，2018，第316页。

会面向多家相关政府部门、人才服务机构开展全面调研工作,并联合首都经济贸易大学等组成专门课题组开展相关理论研究工作。面向政府官员、人事管理者、人才服务机构主管、一线科学传播从业者、不同其他相关学科领域专家学者,针对不同层面相关主题开展系统调研,了解科学传播工作者需求、发展环境等,从宏观角度初步建立了科学传播专业职称评价指标体系,为进一步的分类评审标准和职称考试大纲的制定提供了重要依据。

2. 联合工作机制成为有力保障

一是建立联合调研团队。联合人事管理领域资深工作人员队伍,高校专业人才评价研究队伍,以及科协、科研院所的科学传播研究队伍,共同开展全面调研工作。

二是分类建立考试机制及评审机制。北京市人事考试中心在北京市人力资源和社会保障局和北京市科学技术协会的联合统筹管理、指导下具体承担考务工作;会集北京市人力资源和社会保障局、科协有关领导干部及行业领域知名专家学者,组建北京市图书资料系列(科学传播)高级专业技术资格评审委员会,实现对申报人员从不同角度的综合评价;注重实行同行评议,遴选同行专家学者构成专业评议组,实现对申报人员的专业知识水平、能力和业绩等的分类评价;专门组建了评审委员会专家库,纳入全市职称评审专家库统一管理使用,待评审时专家从库中随机抽取产生。

(二)注重突破与创新

1. 突破传统参评对象范围

凡在北京地区进行科学传播的专业技术人才都可以进行参评,如科普所的研究学者、科普书作者、科普专栏作家、校外科普教育老师、博物馆讲解员等,都可以申报科学传播专业职称。更为重要的是,为企业(尤其是私营企业)人才提供了宝贵的职称晋升渠道,促进了我国科普产业的发展,这也是我国科普领域的"短板"。

2. 代表作评审制度打破了"唯论文"桎梏

北京市科学传播专业职称评价工作实行了代表作评审制度，打破了职称评价"唯论文"桎梏。申报人可自主选择提交自己一定数量的代表性成果，如专业论文、主持完成并取得有效应用的课题、决策咨询报告、政策类文件、教材教案、策划方案、研究报告、项目报告、专利等，评审委员综合考量其学术价值及社会效益。代表作制度体现了对科学传播人才的"松绑"，依据的是"干什么、评什么"，而非传统的"一刀切"标准，更加注重实际业绩水平和社会效益。

3. 建立高层次科学传播人才"破格"制度

打破传统年限、学历、资历、次级等桎梏，针对创新能力强、成果业绩较突出的科学传播人才设置了适合不同岗位职责性质的破格申报副高级职称条件。而且从不同角度分类设置了不同层面的破格申报条件，申报人员只要满足破格条件之一，就可以直接申报副高级职称。这有利于选拔从业年限虽不长，但成长迅速、具有很大发展潜力的青年人才。

4. 采用"互联网+"手段建立线上线下融合宣传平台

采用"互联网+"手段，打造科学传播职称评审互联网平台，构建科学传播职称新媒体矩阵，结合宣讲会等线下方式，搭建线上线下互通的融合宣传平台，将科学传播职称设立规则、评审标准、申报通知、工作机制等相关信息及时发布，打通了科学传播职称评价信息的"最后一公里"。

（三）评价体系科学合理

1. 以职业属性和岗位要求为基础采用分类评价手段

科学传播专业评价工作深入贯彻人才评价、职称制度改革精神，按照科学传播与普及工作的职业属性和岗位职责，分类建立人才评价标准，将参与申报的人员分为科学传播研究、科学传播内容制作和科学普及推广三类，在符合基本条件的前提下，按照"干什么、评什么"原则来制定三类人员的业绩条件。以申报正高级职称为例：对于从事科学传播规律研究的申报人，更加强调其研究能力；对于从事科学传播内容制作的申报人，更加强调其专业知识及内容制作能力；对于从事科学普及推广的申报人，更加强调其组织策划能力和传播能力，注重其科学传播实践的社会效益。

2. 构建以评价为核心的分类指标体系

科学传播专业评价以品德为先，强调职业道德、敬业精神、身体条件和心理素质，坚持理论与实践并重，兼顾知识、能力、业绩和贡献等不同层面要素，把掌握国内外发展趋势、掌握法规政策，以及履职成效、行业认可度、社会效益和社会影响力等作为重要基本条件。同时，科学设置专业评价标准，针对业绩条件和成果条件，对于不同类别、不同层次的科学传播人才，制定侧重点各异的评价指标，总体上本着"干什么、评什么"的原则，注重对人才的综合评价。比如，对从事研究工作的人才，评价指标侧重于理论创新、成果价值和学术水平、学术影响力等，但同时强调了其解决科学传播现实问题在提升科学传播工作效果方面取得的成绩；对于其他科学传播实践者，重点评价其实践层面的业务能力和工作实绩。

3. 体现了个人意愿、同行认可、单位主体的协同作用

科学传播专业职称评价工作已经纳入全市年度职称评价计划之中，每年都要开展一次，按照"个人自主申报、行业统一评价、单位择优使用"的原则实行社会化评价。其中，初、中级职称申报人员可按相应程序自愿向北京市人事考试中心报名考试。正、副高级职称申报人员自主申报，并经用人单位委托，由市人力社保局委托市科协组建高级专业技术资格评委会，以同行评议为核心开展评审工作，申报人员取得资格证书后，由用人单位根据实际工作需求而自主、择优聘任其相应的专业技术职务。

4. 注重同行评价

遴选我国科学传播业内高度认可的正高级职称专家学者，建立了评审专家库，并按照科学传播人才分类依据对专家进行分类入库；构建了以同行评价为基础的业内评价机制，能够有效解决"谁来评、怎么评"的问题，提高了科学传播职称评价的专业化程度。

五　有待深入探索的问题及对策建议

虽然北京科学传播职称的设立为我国科学传播领域人才的选拔、培养起到了前所未有的促进作用，但是由于处于起步和初步探索阶段，仍然存在一定的可优化空间。

（一）有待深入探索的问题

1. 学会作用有待于进一步发挥

目前整体评价体系专业学会并没有涉入。实际上学会在"同行评同行，内行评内行"过程中具有不可替代的独特作用，其专业优势突出，专家资源丰富，更加有利于实现科学传播人才分类评价，推进科学传播人才评价的专业化和社会化。

2. 指标体系需要优化，评价内容需要限定

一是有些评价指标规定的明晰性和可操作性需进一步提高；二是评价指标维度结构需进一步优化，比如对政治素质、学风道德的要求太弱，在评价标准文件的"基本条件"中没有涉猎；三是评价指标效能有待提升。比如，对于科学传播正高级职称，对论文层次和期刊水平没有明确要求，甚至连核心期刊也没有限定，只提到"在公开发行的刊物上"，这势必造成评审操作中的模糊性，不利于对科学传播领域人才，尤其是科学传播高端人才的选拔、培养与激励。

3. 破格制度有待完善，破格标准不清晰

根据北京市发展战略需要，依据北京市"四个中心"和国际一流和谐宜居之都的建设需求，北京需拥有大批名家大师和高层次人才，即正高级职称人才、获得省部级以上优秀人才表彰奖励或特殊贡献人才。科学传播与科技创新同等重要，是"一体两翼"的关系，同样也需要高层次人才。在未来科学传播人才队伍建设工作中，要与科技创新人才队伍建设同步，强化支持引进培养战略科学传播人才、科学传播领军人才、青年科学传播人才和高

水平科学传播创新团队。因此，培养和引进名家大师和高层次人才，是北京市科学传播人才发展的重点。而建立高层次人才评价、职称评审标准，又是培养和引进社科名家大师和高层次人才的前提条件。虽然目前经过理论创新和实践探索，北京市已经初步确立了科学传播副高级职称破格条件，但是具有特殊发展潜力的更高层次的科学传播人才的破格评价标准尚需确立。

4. 专业归属有待商榷，不利于学科发展

科学传播与普及事业具有很强的公益性，有着极强的社会实践性，是一项多学科交叉、多行业领域参与的复杂的社会化系统工程。因而，如果将其局限于图书资料范围内，势必不符合其本质内涵和外延，从长远看不利于该学科领域的健康发展。

（二）进一步创新提升的对策建议

1. 发挥多元评价主体的协同作用

应积极动员、引领、鼓励不同主体参与科学传播人才评价工作，同时发力、相互协同，确保实现不同视角、不同层面的综合评价。发挥好政府部门的监管和引导作用，强化市场的竞争机制作用和专业评价的独立第三方作用，注重用人单位的一线经验和自主选拔机制。

2. 建立更加科学的评价指标体系

其一，注意定性评价与定量评价的协调性，适当增加可量化指标，比如论文的影响因子；其二，公众满意度是衡量科学传播实际效果的核心要素，应该列为科学传播职称评价的重要指标；其三，需增加用人单位依据工作实践评价人才体现其主体地位的指标，比如年度考核结果指标、体现对单位实际贡献的指标等；其四，适应新媒体环境，适当设立依托大数据手段进行挖掘获取的成果指标；其五，要进一步强化政治素质和道德评价。

3. 进一步提升学术水平评价标准

切忌将专业技术人员和管理人员混为一谈。去"四唯"，固然包括了"唯论文"，但是要合理理解。并非论文不重要，而是要求不能将论文作为唯一评价指标。尤其对于科学传播研究人员，公开发表的高水准论文仍然要作为研究水平的重要评价指标，论文水平和所发表的刊物层次应明确提高水准。

4. 进一步强化用人单位主体地位

结合《关于深化职称制度改革的实施意见》要求，要细化并做实用人单位考核推荐意见，推进单位考核结果在人才综合评价得分中占有一定权重，发挥好用人单位在人才评价、职称评审中的主导作用，与对人才的引进、培养、举荐和使用相结合，真正发挥评价效能，实现职称评价结果与用人制度相衔接。允许具备成熟条件的用人主体结合本单位工作实际、业务特点和发展目标自主开展科学传播职称评审。

5. 注意职称评价对青年人才成长导向作用

青年人才积极、活跃，富有创新精神，是我国人才发展的希望所在。在科学传播职称评价中要破除论资排辈、只重显绩等陈旧观念，把培养、引领和激励青年人才发展作为重要内容。把握其成长规律和特色，不仅要考察其现有业绩水平，还要考察其发展潜力，为政治素质好、道德水平高、创新能力强、发展潜力大、未来堪当重任的优秀青年人才创造有利发展条件。

6. 完善评审委员结构和遴选、考核机制

完善评审委员遴选机制和考核机制，根据对人才综合评价的要求，按照合理的比例确定评审委员中行政管理人员、学科（领域）专家的构成，明确其权利和责任，强化诚信自律，签订责任书，组织评审培训，加强评审履职的考核评价。

B.10
创新文化建设背景下科普人才培养策略研究

倪杰 冯羽[*]

摘　要： 文化是一个国家、一个民族的灵魂；文化是一种生产力；文化创新是达成文化自信的根本途径；创新文化是文化创新的基础与目标；科技创新、科学普及两者具有同等重要的地位，是实现创新发展的"两翼"。在此背景下，需要逐步构建科学家之间跨学科、跨领域的相互"科普"机制，以此方式达成不同领域与学科中科学家间的信息交互，为进一步的跨领域、跨学科合作提供便利；应当特别加强医疗、医药、健康等领域的高层次科普人才的培养，以适应高龄社会的到来；对涉及公共利益较深或公共领域较广的科研机构和科研项目，应当设立和提高科普经费占科研经费的比例，并制定相应的考核机制，保障科普活动的开展。

关键词： 创新文化　科学文化　科学传播　科普人才培养

习近平总书记指出："文化是一个国家、一个民族的灵魂。古往今来，世界各民族都无一例外受到其在各个历史发展阶段上产生的精神文化的深刻影响。"文化自信，是一个国家、一个民族最为深层次的自信，也是持久力

---

[*] 倪杰，上海科技馆副研究馆员，研究方向为博物馆学、科普理论；冯羽，上海博物馆党委办公室副研究馆员，研究方向为文化传播、科学与技术教育传播、博物馆学。

量的源泉。要将科技创新作为国家发展全局的核心，用创新文化激发创新精神、推动创新实践、激励创新事业。①

一 文化自信与科学普及

（一）文化、文化创新与创新文化

1. 文化是一种生产力

拉丁语"cultura"一词原意是指对植物的培植及农耕。15世纪之后，被引申使用，到后来人的道德和能力的培养也逐步被称为文化。在我国，"文化"乃是"人文化成"一语的缩写。②一直以来，学术界对"文化"的确切含义理解各异。③美国文化人类学家克罗伯和科拉克洪对文化做了如下定义："文化存在于各种内隐的和外显的模式之中，借助符号的运用得以学习与传播，并构成人类群体的特殊成就，这些成就包括他们制造物品的各种具体式样，文化的基本要素是传统（通过历史衍生和由选择得到的）思想观念和价值，其中尤以价值观最为重要。"④这个定义已被东西方广大研究文化起源的学者所接受。

分析学者对"文化"的定义，可以发现，文化是一个集复杂性与稳定性为一体的精神整体，主要涉及思想、理想、审美、知识、道德、风气、态度、世界观、价值观等内容，是人类生命活动的行为方式、生活方式、思维方式、价值观以及综合能力的总和与精神核心。不同智慧群体的思维模式与

---

① 习近平：《在中国科学院第十七次院士大会、中国工程院第十二次院士大会上的讲话》，人民出版社，2014。
② 出自《周易》贲卦象辞：刚柔交错，天文也；文明以止，人文也。观乎天文，以察时变；观乎人文，以化成天下。
③ 王春法：《科学文化的社会功能》，《光明日报》2019年5月11日。
④ Toynbee R. B. A.."Culture: A Critical Review of Concepts and Definitionsby, A. L. Kroeber; Clyde Kluckhohn," *History & Theory* 1 (1964): 127 – 129.

行为准则产生不同的文化。①

文化作为一种人类独特的智慧资源，长期以来一直被经济学所忽视。文化借助符号的运用与物质和非物质的存在得到传承，并在传承的过程之中逐步构建成为人类智慧群体的特殊成就。在这些成就之中，不仅涉及了由群体创造出的物化的各种外显的模式，也包括这些群体创造的语言与非语言、文字与非文字形式的各种内隐的模式。种植需要适合作物的土壤，文化就像是土壤、种子、植被在合适的土壤里生长，又在不断改变着土壤。历史告诉我们，不同国家、民族、地区的科技、经济、社会的发展以及发展模式都与其背后的文化差异有着紧密的关联，仅将资本、生产技术、劳动力等要素作为解释各地区科技和经济发展存在差异的原因是远远不够的。② 在"科学是第一生产力"这个观点被高度认同的今天，应该重新审视文化的价值，"科学是第一生产力"这八个字本身也是文化发展到特定时期的产物。就以最近40年为例，自改革开放以来，正是由于文化演进与其他要素的互动发展，才引导和激励了我国经济的快速增长。而随着文化、经济、政治等多个方面的快速增强，更加紧密地与科学技术的结合，文化的内涵早已涉及生产力范畴，也正因如此，文化已跻身国家重要核心竞争力之列。

2. 文化创新是实现文化自信的根本路径

人类对待文化的态度，大致可以分为三种情况，分别是：文化自负、文化自卑以及文化自信。文化自负，主要指对待自身文化存在一定程度的盲目乐观；而文化自卑，则是指对待自身文化存在一定程度的否定与怀疑。前者表现为故步自封，后者则表现为自暴自弃，相比较而言，两种文化态度在本质上存在一定相似之处，即均为无自信的表现，也正是如此，二者的结果必

---

① 广义的"文化"，是指人类改造客观世界和主观世界的活动及其成果的总和，它包括物质文化和精神文化两大类型。物质文化是通过物质活动及其成果来体现的人类文化，包含生产、生活必需品；精神文化是通过人的精神活动及其成果来体现的人类文化，包括思想道德和科学文化。狭义的"文化"概念专指语言、文学、艺术以及一切意识形态领域的精神产品。

② 当文学艺术家从事文艺创作时，当技术专家进行技术革新、技术创造时，当科学家进行科学研究时，当思想家进行理性沉思时，都是一种文化活动的实践过程。

定如出一辙。文化自负因为对自身文化过度的自信而进一步导致文化被历史所淘汰，文化自卑则将直接导致自身文化被迫革故鼎新，终将被强势文化所吞并。而文化自信指的却是人们对于自身文化的高度认同、尊重、热爱，乃至敬畏，也正因如此，才会对未来充满信心。文化自信以文化自觉为前提，即文化自信是建立在对自身文化有着较为明晰的认识，并且了解自身文化发展目前的处境以及未来发展趋势的基础上的。

我们正处于中国特色社会主义的伟大实践的时代，无论是"我国历史文化的母版"，还是"马克思主义经典作家设想的模板"①，都难以达到这一伟大实践的要求，所以，我们需要在认清我国自身的历史经验、他国经验的基础上，不断汲取我国改革开放历程中多种多样的素材，并通过分析发现其中的问题所在，提炼出新的观点、构建新的理论，这个过程就是文化创新的过程。

3. 文化创新为创新文化发展奠定基础

在求同存异的前提下，发现前人未发现的规律，发明前人未发明的技术，实施前人未实施的举措，创造前人未拥有的事物，阐释前人未解释的理论，这就是创新。通过交流来实现文化的传播、信息的交互，并通过继承与发扬来实现进一步的发展，这一过程之中所蕴含的正是文化创新的意义所在。从本质上来说，文化发展，就在于对实践本身的深度观察与缜密思考。文化在发展过程中不断地在内容、形式、体制、机制以及传播手段上进行着创新。文化创新与制度创新、科技创新、理论创新等各方面的创新相辅相成，共同构成了建设创新型国家的基本内容和要素。文化的发展是一个新陈代谢、不断创新的过程。文化自信的构建必须建立在文化创新的基础之上，也只有经历了文化创新，才能进一步达成文化自信，这是社会实践发展的需求，也是文化自身发展的内在动力源泉所在。文化，源自人类对自然与社会的改造过程。一方面，随着社会实践的多样化发展不断深入，对于创新的要

---

① 习近平在纪念马克思诞辰200周年大会上的讲话："当代中国的伟大社会变革，不是简单延续我国历史文化的母版，不是简单套用马克思主义经典作家设想的模板，不是其他国家社会主义实践的再版，也不是国外现代化发展的翻版。"

求也越来越强烈，以此来进一步适应新的需求、解释新的问题；另一方面，随着社会实践的不断发展，文化创新的物质资源基础也越来越丰厚。

创新文化以创新的文化精神与文化理念为主要构成，它既指创新观念文化，亦指创新制度文化。创新观念文化是创新有关的信念、态度、价值观等文化精神；创新制度文化是有助于创新的制度、规范等文化环境。[①] 创新文化，所代表的是文化创新、制度创新、科技创新等一切创新活动的思想与社会文化基础。人既是创新的主体，也是创新文化的存在物与载体。

看一个社会的文明程度，科学技术是重要的指标之一。从文化的定义这一角度进行分析，科学技术不但属于文化范畴，更是文化的典型代表。

（二）创新文化与科学普及

1. 科技创新与科学普及

习近平总书记强调：科技创新、科学普及是实现创新发展的两翼，要把科学普及放在与科技创新同等重要的位置，要让蕴藏在亿万人民中间的创新智慧充分释放、创新力量充分涌流。[②] 总书记的指示，完美地诠释了创新发展与科学普及、科技创新之间的辩证关系。

纵观人类发展历程，一切伟大的科技创新，都在人类文明发展进程中发挥了巨大的作用。世界上那些最前沿的创新科学技术主要来自少数科学家的研究成果，作为人类文明的共同财富，科学家应当让尖端科学、让高科技更加亲民，应该将更多的发明创造、研究成果通过更加贴近大众生活的方式来进行传播，让越来越多的人能够理解科学、欣赏科学，共同享受科技创新馈赠予人类生活的快捷、便利。

"穷理以致其知，反躬以践其实。"科学研究、创造发明既要不断满足人民日益增长的生产、生活需要，服务于社会经济的发展；也要追求知识和

[①] 创新文化主要涉及两个方面：一是文化对创新的作用；二是如何营造一种有利于创新的文化氛围、文化环境。

[②] 习近平：《为建设世界科技强国而奋斗——在全国科技创新大会、两院院士大会、中国科协第九次全国代表大会上的讲话》，人民出版社，2016。

真理。对一般社会大众来说，科学发展不单需要高深领先的前沿技术，也需要贴近民众生活的实用科学技术，这样才能全面构建助推社会发展的先进创新文化。

2. 科学普及与创新文化

文化的建设，离不开科学普及，创新文化实际上也是科学普及的基础以及多层次目标的所在；创新文化的传播与继承，自然也与科学普及分不开。这两者的发展都需要政府、科学共同体乃至整个社会的广泛参与，这两者都是长期持续的稳定性基础事业。

认知、审美和娱乐是任何文化产品都具有的功能。即使在传统科普时代，以"科普作品"定义一种文化产品时，其主要目的也和认知分不开。所以，并非所有具有一定"科技"含量的文化产品都可以被列为科普文化产品。以创作一篇以生态学为主题的科普文章为例，文中用词需要精美，甚至引经据典，然而这只是为了进一步提升文中生态学知识、生物多样性理念传播的效率，使人们乐于接受而使用的手段；但是，如果是进行科幻小说的创作的话，虽说在篇幅之中有可能存在科技知识的大量引用，其目的终究不过是对主题的突出、对人物形象以及性格的塑造、对故事情节架构的构建。

科技创新、创新文化建设既有赖于社会物质保障，也有赖于大众的科学素养以及能激发创新的社会文化环境。同时，创新文化和科学普及能够有效地推动先进文化的形成与发展，并为未来人与自然、经济、社会之间和谐互动的可持续发展，以及人类的全面发展奠定坚实的基础。

AI技术、大数据、物联网、引力波、暗物质、纳米技术……对于绝大多数人来说，科学家们研究的对象、内容可能在长时间内，甚至一生都无法完全理解；其中的一些成果也许需要几代人的努力才能真正被大规模应用，但公众注意力的汇集、学习乃至怀疑，都将引领人们不遗余力地去推动科学研究、科技的不断发展。

科技创新要靶向发力、矢志不渝；科学普及要静下心、扎根基层，通过对新媒体以及新手段的应用，高效传播科学的新发现、科技的新创造、科学文化的新领域。

二 我国科普事业的发展现状

（一）已取得的成功经验

1. 科普政策体系不断完善

我国于2002年颁布了《中华人民共和国科学技术普及法》，从此我国科普事业可持续发展有了法制保障。2019年1月，《中国科普政策法规汇编（1949～2018）》由中国科普研究所主编，中国法制出版社出版、发行。[①] 全书收录各类政策289项，全国性科普政策185项，地方科普政策104项。依法治国理念已经全面渗透到科普领域。

党的十七大以后，国务院制定了《全民科学素质行动计划纲要（2006～2010～2020）》，其法律依据是《中华人民共和国科学普及法》和《国家中长期科学和技术发展规划纲要（2006～2020年）》。《全民科学素质行动计划纲要（2006～2010～2020）》提出了要以重点人群科学素养行动带动全民科学素养的整体提高的战略性思路要求重点开展以四类人群的科学素养提升为主要内容的科普工作，并达到预期效果。[②] "科学教育与培训基础工程"、"科普资源开发与共享工程"、"大众传媒科技传播能力建设工程"以及"科普基础设施工程"是国家为配合、保证"四类重点人群"科学素养行动计划的顺利开展重点实施的四大基础工程，为此国家还出台了一系列相应的组织和保障措施。这些政策的顶层设计为科普人才的发展提供了良好的政策支撑。

2. 科普投入不断增加

根据《中国科普统计（2017年版）》统计，至2016年，全国科普事业

[①]《中国科普政策法规汇编》在系统梳理了新中国成立以来与科普工作相关的纲领、法律法规、政策规划、条例、意见、办法、指示决定、通知等文件后，进行了相应摘录选编。

[②] 一是未成年人对科学的兴趣明显提高，创新意识和实践能力有较大增强；二是农民和城镇劳动人口的科学素养有显著提高，城乡居民科学素养水平差距逐步缩小；三是领导干部和公务员的科学素养在各类人群中位居前列。

持续健康发展，呈现新的变化。2016年，全国筹集科普经费总金额比2015年增长7.63%，达到151.98亿元，科普经费投入得到稳定的增长。

2016年全国科学技术类博物馆、科技馆共计1393座，比2015年增长10.73%，共增加135座，建筑面积增加4.64%，参观人数增长了9.58%。全国共有596座青少年科技馆，比2015年增加4座。

3. 科普人才的数量增加

全国科普人员结构得到优化，2016年全国科普工作人员达到185.24万人，每万人口拥有科普人员13.40人。其中专职科普人员达22.35万人，与2015年相比增加了2033人，占科普人员总人数的12.07%；兼职科普人员达162.88万人，占科普人员总人数的87.93%。2016年全国共有大学本科以上学历（或中级以上职称）的科普人员99.96万人，占总数的53.96%。2016年全国从事科普创作的人员共计14148人，比2015年增加811人，占科普专职人员总数的6.33%。至2016年，全国注册科普志愿者人数达到231.54万人。

高层次人才培养作用显现。2012年，培养高层次科普专门人才的试点工作由中国科协与教育部联合启动。2013年首批6所高校[①]，依托教育学或艺术学一级学科下的二级学科专业方向，与7家科技馆[②]联合开展定向硕士研究生培养工作，共招录学员150名，学制2年，专门培养"高层次""专业"科普人才，先期重点培养"科普教育、科普传媒、科普产品创意与设计"三个方向的专门人才。[③]

4. 科普人才的产出效应明显

科普人才通过科普资源创作、科普活动开展、大学与科研机构开放等措施，更好地承担了科普工作者的责任，在科学与公众之间搭起了一座桥梁。

---

① 6所高校分别是清华大学、北京师范大学、北京航空航天大学、浙江大学、华东师范大学、华中科技大学。
② 7家科技馆分别是中国科技馆、上海科技馆、广东科学中心、浙江省科技馆、湖北省科技馆、山东省科技馆和武汉科技馆。
③ 焦新：《中国科协教育部有关负责人解读高层次科普人才培养》，《中国教育报》2013年3月22日。

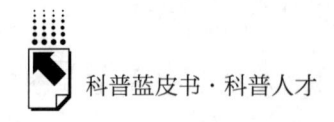

2016年，全国共有11937种科普图书出版发行；科普期刊1265种；发行科技类报纸2.67亿份；共有科普网站2975个；全国广播电视播出科普（科技）节目总时长12.68万小时；发行科普（科技）音像制品5456种；发行科普（科技）类光盘433.47万张，录音带、录像带35.87万盒。

我国在2016年举办科普（科技）讲座共计85.69万次，听（观）众达到1.46亿人次；举办16.59万次科普（科技）展览，有超过2.12亿人次参观；举办科普（科技）竞赛达到6.46万次，约有1.13亿人次参与。

全国约有22.24万个青少年科技兴趣小组，超过1715万人次参与活动。举办青少年夏（冬）令营活动1.41万次，参加人数303.64万人次。

全国共有约8080个大学科研设施、科研机构向公众开放，接待了大约863.37万人次的参观者，平均每个开放单位年接待1069人次。

（二）存在的问题

1. 传统科普模式的制约

人类花费了四千年时间，从发明耕犁到用马拖犁；而只用了65年时间就实现了从第一架飞机上天到成功登月。这个现象被称为"伟大的事实"。

人类文明的高地正是由诸多"伟大的事实"逐渐堆积而成，并以润物细无声、缓慢渗透的方式，影响人们的认知并加以塑造，逐步演变成为一种先进的认知模式、思维方式、行为准则与习惯，甚至深深地植入人类的细胞成为一种"基因"，而这些的总和就构成了科学文化。

将原始思维逐渐改造成逻辑思维[①]，并进一步发展成为科学思维，这是科学文化最重要的功能。具体表现为假定-推理、假说-演绎、概率-统计、系统分类、历史论说以及实验论证等多种类科学思维风格。人类思考问题的模式、信息辨别以及筛选的模式、研究思路确定乃至后续研究方法的决定都受到这些因素影响。

对"科学知识""科学方法""科学思想""科学精神"普及的平衡发

---

① 包括形式逻辑和辩证逻辑。

展，是我国长期以来科普工作一直秉承的理念。可是在功利意识的驱逐下，传统科普实际上是以传授科学知识为主展开的。对未来充满强烈的乐观态度是中国科普作家长期以来共同的创作动力，在当时的大众语境与主流意识中，科学技术的发展呈现无穷尽的态势；其现代化发展的程度也将是无穷无尽的。但是，自20世纪60年代末期，随着西方保守主义思想家走出"象牙塔"，逐步迈进市民社会，整个世界逐渐转变了对于现实的判断。在人类的意识深处，开始有了关于能源的有限性、发展的有限性，乃至地球的唯一性的思考。以科学为主导的人类生活对地球家园的危害性的反思也逐渐成形。众所周知，人与自然的关系已变得非常脆弱。

因计划经济体制所影响的传统科普机构，在市场经济中迎来了强有力的挑战者，传统科普所承担的普及基础科学知识的任务在科学课程进入义务教育的时代受到质疑，而拥有独立性的利益实体——媒体，也慢慢跻身科学传播主体阵营的行列，受这一趋势的影响，科学传播的出现可谓是顺势而为。

回首过去的40年，我国人民在生活水平提升的同时，也正在逐步改变自身的社会意识形态，我们也渐渐意识到，以国家财政支持为依托的传统科普已经成为历史，未来的可持续性发展还需要建立在变革的基础之上。同时，随着公众民主意识的增强，开始认识到他们既然有权利要求政府公开用纳税人的钱做了什么，科学共同体用纳税人的钱做了什么，当然也有权利要求科学普及机构公开用纳税人的钱做了什么，这标志着中国科普已不再仅仅是政府立场。

在科学传播时代，科学知识不再是传播的核心，应当通过科学知识、科学故事所组成的素材更广泛地传播科学文化。科学文化传播者用这些素材去构建"美"，宣扬"善"。这些"善"与"美"是以科学为基础的，所以与传统人文文化中的"善"与"美"有着一定的区别。科学传播的核心是人的科学思想，是科学文化，而不是知识。因此，当"让科学交流起来"逐渐成为科普主旋律的时候，作为传播、传承者与受体，人的双重作用显得更加重要。

2. 科学共同体对科学传播工作关注度不足的制约

2015年，在第十七届中国科协年会开幕式致辞中，时任中国科协主席韩启德多次提及中国科学家在《星际穿越》中的科普缺位。就"转基因"问题，某知名媒体人与权威学者展开了激烈的辩论，这都显示出中国科学家在现代科普能力方面心有余而力不足。

与我国庞大的科研队伍相比，致力于科学传播的科学家相对较少。目前，诸如褚君浩院士这样心系科普事业的顶级科学家虽然不在少数，但仍有一些专家学者对待科普事业心存芥蒂，甚至有的人对科普事业一直抱有偏见。在一些科研人员看来，科普事业实非正事，甚至有的人错误地认为科普是科研能力不行的人做的事情。在面对公众进行科学知识传播、传授交流的过程中有意无意地使用枯燥的专业术语与公式，这也是部分科学家不善于与公众交流的体现。科学家如果不能把晦涩难懂的科学问题简单化，就很难调动公众的求知兴趣、帮助公众真正理解科学，全面推动公众科普事业进程也就无从谈起。

3. 青少年科普创新文化的制约因素

（1）科学课程的设计

在我国传统科普中，青少年是最主要也是最重要的科普对象。我国青少年接受教育的主要场所是学校，学校的科学课程是达成青少年科普的主要手段。根据教育部2017年初颁布的《小学科学课程表标准》（以下简称《标准》），小学科学课程的基本理念是：倡导探究式学习；保护学生的好奇心、求知欲；突出学生的主体、主导地位。《标准》还分别从科学知识、科学探究、科学态度、科学技术、社会与环境五个方面阐述了具体目标。[1] 然而，在《标准》的第四部分，实施建议的科学学习场所建议中指出："要使学生在科技馆、博物馆、青少年科普教育实践基地流连忘返，不走马观花，最好

---

[1] 《标准》从提出问题、做出假设、制订计划、搜集证据、处理信息、得出结论、表达交流、反思评价这八个方面提出了科学探究各学段的目标。"反思""质疑""探究"等关键词在具体各学段的目标中多次出现，并反复强调了学生的主导、主体地位，而教师的主要作用是"引导"。

的方法也是让他们带上任务清单，事前由教师设计好……"

显然，"事先由老师设计好……"这种表述方式还留有传统科普模式的烙印，留有学校应试教育的痕迹。

《科学教育蓝皮书：中国科学教育发展报告（2017）》[①]指出："研究表明，在 PISA 2015 测试中，虽然我国学生的科学素养得分处在各国的前列，在动机和行为方面的表现均高于国际平均水平，但在就职意向方面表现不够理想。"虽然报告并未对原因做出基于科学研究的判断，但从报告推测列举的几个可能的因素中判断，应试教育也渗透影响了我国的科学课程。

（2）科学教师队伍

于鑫浣、董梦瑶[②]于 2018 年抽样调查了 300 所黑龙江省哈尔滨市不同类别的中小学。根据调查结果，于鑫浣、董梦瑶归纳了在推进哈尔滨市中小学科普教育工作中出现的常见问题和普遍现象。首先，在该调查组成员走访的中小学中，平均每天超过 8 小时在校学习时间的中学生高达 56.7%；认为"所在学校不重视学生素质的培养、课业负担很重"的中学生占 45.2%；认为"考试、升学是学习生活中最重要的事"的学生占到 77.3%。在我国，应试教育依然是大部分中小学校教育的主要教学目标，一个学生的综合素质常常被用分数的高低来评判；考核教师的教学水平和学校的办学质量的标准也普遍是看升学率，作为学校课程的科学课程同样无法避免。现行教育体制对中小学生创新精神和创造能力培养形成较大制约。其次，由于在应试教育的体制下，教师普遍面临着升学率的压力。调查表明，在哈尔滨大部分教师的眼里，能把所教的内容教好，让学生能取得好成绩，就是完成了教育任务，而科普教育应该是科学老师的事，与他们无关。教师的科普观念落后于国家科技创新战略。

---

① 王康友主编《科学教育蓝皮书：中国科学教育发展报告（2017）》，社会科学文献出版社，2017，第 73~79 页。

② 于鑫浣、董梦瑶：《中国城市中小学科普事业的现状和发展方向》，《青年时代》2018 年第 7 期，第 143~144 页。

《科学教育蓝皮书：中国科学教育发展报告（2017）》[①] 指出，我国科学教师培训存在质量参差不齐，培训总量不足，院校区域分布不均，院校总量不足的现象。对于在职科学教师的培训的重视程度不够，致使《"国培计划"课程标准（施行）》无法落实到位。国家对于科学教师的激励机制和监督机制尚不完善；科学教育教学涉及的知识面较广，对教师有较高的要求，待遇与义务的不对等使得教师对从事科学教育的积极性较低。一些大中城市的中小学除了科技特色的学校能确保专职老师专注科学课程外，还有很大一部分学校的科学教师是由其他学科老师改任或兼任，而一些科技特色学校的科技老师带领学生社团参加各类科技比赛的任务比完成科学课程的教学任务更重。

（3）创新文化的场所

科技馆、博物馆是《小学科学课程表标准》作为学校开展科学教育的建议场所。以科技馆、博物馆、部分大学以及科研机构的实验室为代表的社会教育公益机构也将场馆院所的资源与学校的教育紧密结合在一起，为进一步研发各类型的教育活动、教育课程奠定基础，通过这一手段让自身社会效益得以有效提升。

参加中国科协青少部所举办的2017年度"科技馆进校园"项目中期评估会的48个科技馆、青少年科技中心中，以场馆人员授课为主的馆校合作教育活动、课程平均每馆达到150多种（项）。[②] 厦门科技馆甚至还将附近多所私立小学的科学课程全部包揽。许多大中城市之中，活跃着由部分科研人员组建的校外辅导员讲师团，为一些学校的科学拓展课程授课。

就目前我国培训结构、学校教师从业标准而言，在讲台上执教的前提是获得教师资格，参加教师资格考试是获得教师资格的唯一途径，教师资格认证也因学科、教学阶段的不同而存在一定差异。然而在全国，除了中国科技

[①] 王康友主编《科学教育蓝皮书：中国科学教育发展报告（2017）》，社会科学文献出版社，2017，第13~14页。

[②] 以上海为例，上海博物馆、上海科技馆、上海自然博物馆能提供的活动、课程平均都在200项以上。

馆展教部门部分工作人员的职称按照教师系列评聘，并取得了教师资格证书外，大部分博物馆、科技馆的展教人员并无教师从业资格。专业科普工作者甚至还没有自己独立的技术职称评审标准。目前，博物馆、科技馆都在不遗余力地开展讲解员资格培训工作，然而，有针对性地对教师必须具备的心理学与教育学所开展的业务培训却是少之又少。场馆展教人员包含科研人员在内的兼职科普工作者的资格认定制度的建立与实施迫在眉睫。

4. 农村科普创新文化的制约因素

根据国家统计局2019年2月28日发布的《2018年国民经济和社会发展统计公报》[①]，我国农村现有人口56401万人，占全国总人口的40.42%，农村就业人数34167万人。随着农村科普工作在国内大范围地开展，加上科学技术的飞速发展，我国农业生产方式得到比较大的完善与进步，在此基础之上，农业劳动生产率进一步提高，农民生产效率快速提升，农作物产量进一步扩大，并逐步呈现农业现代化发展的态势。

在农村科普工作取得较大成效的同时，我国的农村科普工作与人民日益增长的美好生活需求，与农村建设、农业发展对科技的需求相比仍然存在着不足。农业科普的经济效果功利性还比较强；农村科普的重点还依然停留在普及农业科技技能、普及科学知识，以提高农作物产量、改善与提高农民生活质量为主；涉及农产品食品安全、生物安全等问题的科普活动相对较少。

目前我国农村劳动力受教育程度依然较低，超过31%的农村劳动力人口只有小学及以下文化程度；具有初中文化程度的劳动力占53%，初中及以下的农村劳动力占84%。接受过短期职业培训的我国农村劳动力只占20%，没有接受过技术培训的农村劳动力占比高达76.4%。科学知识不足的现象在农村仍然不同程度地存在，农村人口的科学观念还比较淡薄，无法促成较为广泛的科学理念的形成。尤其是一些留守在落后地区的农村人口，其中以空巢老人为主，因为相关知识与信息的匮乏，假冒伪劣产品"乘虚而入"，使得广大农村群众被误导，以致自身经济遭受巨大损失。法制观念

---

① 国家统计局，http://www.stats.gov.cn/tjsj/zxfb/201902/t20190228_1651265.html。

的淡薄、法律相关知识的匮乏，思想上依旧存在封建迷信残余等，是这些欠发达地区农村人口的现状。区域之间发展不平衡是农村科普的普遍现象。农村科普资源存在一定缺失，无法投入大量经费进行科普，总体科普基础设施建设滞后，人才队伍建设薄弱。[①]

5. 城镇居民创新文化的制约因素

我国的大部分专业科普设施、机构都位于城市，相对乡村而言，城镇人口的科学素养相对较高。然而时至今日，郑念[②]在2009年《我国科普人才队伍存在的问题及对策研究》一文中指出的主要问题虽有缓解，但并没有得到实质性的改善。根据《中国科普统计（2017年版）》统计，全国从事科普创作的14148名专业人员面对的是全国近14亿的人口；2016年全国共有大学本科以上学历（或中级职称）以上的科普人员达到99.96万人，为科普人员总数的3.96%。全国真正从事科普工作的人员数量只有185.24万人，只比2008年的162.35万人增加了22.89万人，科普人员从2008年的每万人口中的12.3人提高到2016年的13.4人，但这个数字却比2013年科普蓝皮书公布的总人数197.82万人减少了12.58万人，每万人减少了1.14人，这种波浪式的变化在理论上告诉我们：到2020年，我国根本无法达成《中国科协科普人才发展规划纲要（2010~2020）》所要求的全国拥有科普从业者总人数400万人的任务目标。一方面，专职科普从业人员高级职称比例偏低的情况依然没有改善，一些具有科学研究任务的科普场馆高级职称名额基本上向专职科学研究人员倾斜；缺少复合型人才依然是科普场馆发展的障碍。另一方面，科普事业单位人才难留的问题依然没有改善，随着新生代青年就业观的改变，如果不采取措施的话，这种现象很难在短时间内得到缓解。与10年前不同的是，一些大城市的科普场馆办理入籍户口便捷条件却成为部分非本地户籍高学历青年快速顺利入籍入户的跳板。

[①] 陈套、罗晓乐、张晓伟等：《我国农村科普工作发展现状及战略思考》，《学会》2017年第10期，第48~60页。

[②] 郑念：《我国科普人才队伍存在的问题及对策研究》，《科普研究》2009年第2期，第22~23页。

我国的科普场馆虽然总量不少，但与医学、健康相关的场馆较少，除了全国大部分中医高校有博物馆外，西医类医学院校很少有自己的博物馆，并且那些中医药类高校的博物馆正常向公众开放的很少，职业医学、健康科普工作者奇缺。近几年，打着推销健康产品的招牌，开设健康科普讲座、向老年人推销保健品骗取钱财的事件，不时在媒体上曝光，有关部门也花费很大的人力财力不停地加以执法查处，虽有改善，但这种现象并没有根除，反而以更加隐蔽的方式出现。而在健康、医学的科学普及方面，我们看到最多的是一些有热情的医生在以志愿者的身份进行科普，除了少数城市有专业健康、医学的科普场馆、科普专业人员以外，医学健康相关科普设施以及人才的匮乏在我国大部分地区是普遍现象，不利于我国今后的养老社会事业及健康产业的发展，不能满足广大人民群众日益增长的对美好生活的需求，不利于"健康中国"梦想的实现。

我国科普基础理论的研究严重滞后，目前从事科普理论研究的专业机构很少，只有北京、上海等大城市有限的几个单位。[①] 我国从事科普受众研究，将国外先进的科普理念、科学传播技术结合我国国情进行理论转化与运用实践研究的人员本来就很少，获得高级职称的专家更少，对于科普工作的自我认识依旧存在一定不足，科学论证、评估方面还存在很大差距，理论的属地化适应性研究的深度与广度都还有很大的提升空间，创新研究人才队伍亟待扩充，而这些研究恰恰是实现"弯道超车"、科普创新所必需的，也是从文化自觉到文化自信所必需的。

三 对策与建议

从文化层面找到制约我国科普事业发展的关键要素，针对我国科普事业以及科普人才培养提出如下的对策与建议。

[①] 在北京，有中国科普研究所、中国科学院大学传播系、北京大学科学传播中心等；在上海，有上海市科学学研究所、上海科技馆科学传播与发展研究中心等。

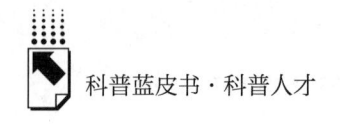

（一）明确科学共同体的科学传播责任

当今时代，是市场细分化、职业专业化的时代，科学知识的生产也应该顺应时代发展的潮流。而专业化与职业化发展也是科普事业发展的阶段性需求。生产科学知识的一方与传播科学知识的一方，在合作基础上的分工，已在推进人类科学普及的共同事业中成为必然，这种意义上的合作是基于将科学思想、理论、方法乃至精神作为蓝本，进一步淬炼、升华为科学文化的过程。科普创新应成为科技创新、文化创新的推手。

目前，虽然科研工作者不应该承担科普事业发展主推手的责任，但这也不是当代科研工作者用来逃避科学普及的社会责任的借口。在科学传播的流程链条中，起始点是作为"科学知识生产者"的科研工作者，也正是这些科研工作者，推动着科普源头的不断发展，其地位与重要程度是不可比拟的。即便如此，如果将肩负起传播科学文化的责任纳入科研工作者的义务，显然也是不合理的，且不具备可操作性。现代科学研究往往借助于团队的力量，然而就目前形势发展而言，科研工作者整体，即科学共同体，将倡导科学普及、投身科普事业纳入其关注重点，是在情理之中的。就当代科研工作者的科普责任而言，还需要"软硬兼施"。不仅仅要持续性倡导，进行"软"的宣传与呼吁，还要注重可操作性，开展"硬"的评估。在对科研工作者进行区分时，也需要对其不同的科普责任进行考量，把科研工作者分为个人与团体来加以区别，把对科研工作者科普职责进行考评的政策落实在科学共同体上显得更加公正和合理。

我国已经进入了人才国际化的时代，然而高层次科普人才的国际化进程才刚刚起步，要从人才高地走向"人才高峰"，应当通过体制的优化与创新，进一步调动创新主体的主观能动性，以此进一步吸收更多的国际创新型科普人才。建立科学共同体与大众传媒有效合作机制，构建职业科学传播者协同机制，从而形成推动当代科普事业发展的合力。

（二）加强科普理论研究、建设跨领域知识交互机制

倡导文化自觉，增强文化自信。深入开展科普受众研究，以传播学等角

度对科普信息传播过程进行研究，加快先进的科普理论属地化转化进度，加大实践论证研究投入，调动科普研究者研究与创新的积极性。为确保基于科学研究的科普活动与宣传顺利开展，尝试性加大涉及公共利益较深或涉及公共领域较广的科研机构和科研项目的投入，有效提升科普经费占科研经费的比例。

建立跨学科、跨领域的科学家之间的知识交互机制，通过这种方式来拓宽科学家的科学领域知识面，为将来寻求跨学科、跨领域的合作机会提供便利。为确保科普理论和实践工作者能够潜心修学、静心研究，需要为其创造必要的科研与实践条件。营造自由思想、兼容并蓄、勇于担当的创新文化氛围，以进一步将国际国内顶尖科普创新人才充实到我国科普人才队伍中来。

（三）构建人才培养环境

针对场馆展教人员、兼职科普教育人员（含校外讲师团的辅导老师）的培训课程应当融入相应的社会教育理论内容。增加中小学科学课程，并与科普场馆有效结合，将科学课开在科普场馆中。两者角色的融合与转换，将科学教师、科学课程、科普场所有机融合，形成"三位一体"的科学人才培养环境。

科普人才的培养除了通识培养以外，还要加大科学专业性的培训，与专业、行业相结合，形成垂直的科普人才培养体系；专业科普机构之间建立人才交流互培机制，采取挂职锻炼、带教支援等形式，通过共同策划展览、教育活动，互助提高；加大学科之间的交流与融合，如大数据、AI、生物等领域；加大学科与科普之间的相关融合，形成大科普的人才培养环境。

媒体之间的融合也为科普人才培养环境构建提供了支撑。构建科研机构、媒体、专业科普机构人员内部信息交互平台。有效拓宽科研工作者与社会各领域的合作面，尤其是艺术家、大众媒体。借助微电影、新媒体等多种新型媒体手段，有效提升科研成果传播效率。邀请科研工作者到媒体、科普机构体验工作，让科学记者、专业科普工作者到科学家的实验室体验工作，参与科研、科普工作的过程。科普工作者与科研工作者一起查阅资料、做实验、撰写研究报告、开评审会、策划科普活动、撰写科技报道，形成全员科普的氛围。

（四）构建人才激励环境

为鼓励、促进科学共同体建立良好的科普环境氛围和科普工作机制，应当制定科学共同体的科普责任制，并对量化规定和评估考核制度加以明晰。科学共同体的科普责任在于对全社会的引领与示范作用，它是全员参与科普及科学创新文化的导向。

职称是对人才评价的一个公认的尺度。加快科普人才培养、科普专业人员职称评定的体制机制改革。逐步建立独立的科普职称系列、科普人员资格培训系列，并逐步完善。可以看到，北京的科普职称评定、天津的科普职称评定已开了先河，虽然不完善，但从无到有的整体序幕已拉开，对科普工作者来说是一个方向。

除了职称体系外，职业资格的建立也是应该考虑的内容。可以从全日制学校针对教师资格的培训中汲取经验，对场馆、院所等相关科普展教人员进行教师资格的培训，并增加考核制度，从而逐步建立起科普展教人员上岗从业规范。对已经获得资格证书的科普展教人员，在取得双方以及单位认可的情况之下，允许从事相关兼职工作，以此来扩充周边学校科普师资力量。建立健全科研机构内部科普职能职位构建机制，有效调动在科普宣传、科普创作方面有兴趣、有专长的科研人员的积极性，鼓励他们兼职开展科普工作，不断充实科普专业人才队伍，全面构建针对大众媒体以及社会公众的科研发言人制度。

（五）加强科普课程建设

加强"科学协作""科学创作""科学交流"等多样化科普课程的研发，以此来培养理工科学生科普素养；积极开展模拟采访模拟记者招待会、科学文化作品创作会，促进理工科学生与传媒记者的传播交流，为后期从事科普事业、与公众交流合作等奠定坚实基础。

"海纳百川、追求卓越、开明睿智、大气谦和",这是文化创新、科技创新、科普创新、创新文化的建设精神所在。在以习近平同志为核心的党中央领导下,科普工作者应该砥砺奋进,与中国国情紧密结合在一起,开拓中国特色科普文化事业道路,敢于文化创新、科技创新、科普创新。勇攀"科普人才高地""科创人才高地",铸就"人才高峰";将传播"四科"为主,努力转向传播"科学文化"为主。增强文化自信,创造人尽其才、用有所成的人才培育环境,创新科普人才培养模式,推动我国创新发展不断前进。

B.11
对农业科研机构开展科普工作有效性探索的思考

赵 军 谭莉梅*

摘 要： 众所周知，中国自古以来就是一个农业大国，但是目前我国却存在着农业人口科学素质较低、农业科技相对落后、农村发展相对滞后的状况，这些现状的改变需要农业科普工作来发挥作用。农业科研机构作为农业知识的汇集地、农业科研人员的聚集地、农业科技的发源地，应在农业科普工作中充分发挥作用，然而目前农业科研机构开展科普工作却受到多方面的制约，限制了农业科研机构在农业科普工作中充分发挥作用。本文从农业科研机构开展科普活动对农民农业农村发展的作用入手，在分析了农业科研机构科普现状和制约农业科研机构科普工作的主要因素基础上，提出了加强农业科研机构科普工作有效性的主要对策，以促进我国农业科技的推广普及和农业农村现代化。

关键词： 农业科研机构 科普人才 科普工作

科普不但是普通民众了解科学知识、学习先进技术的一个重要途径，同

---

* 赵军，中国科学院遗传与发育生物学研究所农业资源研究中心党委书记，副研究员，研究方向为科技管理和政策；谭莉梅，中国科学院遗传与发育生物学研究所农业资源研究中心六级职员，研究方向为科普机构科普体系。

时也是科技工作者掌握民众需求、分析社会发展形势的重要工作方式。科普工作的主要目的就是使科学技术"走向"大众，确保更多的人了解当今社会的先进知识，从而为科学发展营造良好的氛围。2016年6月，"科技三会"正式召开，习近平主席出席会议并发表了重要讲话，他明确指出：实现创新发展需要拥有两大支柱，其一是科学普及，其二是科技创新，要将二者放在同等地位，积极开展科学普及工作。如果无法提升民众的科学素质，那么整个国家便不能形成十分良好的科技创新环境，如此一来，科学技术的发展将变得非常缓慢，即便创造新的科技成果，也无法在短时间内转化为经济增长。由此可见，通过多措并举的形式进一步提升全民科学素质，为国家、为社会、为人民培养道德素质高、技术能力强的科技人才，在推动国家科技创新发展过程之中具有非常重要的实际价值与现实意义。

十九大报告明确指出，要大力发展乡村产业，积极推动乡村振兴战略，产业兴旺发达、社会和谐稳定让人民过上富裕生活是总体要求与目标。中国不但要使农业产量实现爆发式增长，提高农民经济收入，同时更要促进供给侧结构性改革发展，将农产品的质量提升至更高档次，根据社会需求对农业结构进行深入优化，从而发展成为农业强国。目前，我国城乡二元结构导致城市和农村在基础设施上的巨大差别和受教育程度的不平衡，[①]致使农民的文化水平一直处于较低状态，对农村经济发展造成了极大的阻碍，而乡村振兴战略的推行也会因此而变得更加困难。第六次全国人口普查结果表明，[②]中国农村人口约为6.7亿，占总人口的一半以上，即为50.32%，在这一庞大群体之中，受教育程度在初中之下的人数占比为84%左右，而从来没有受到任何技术指导、专业培训的人数占比为76.4%。调查分析发现，大部分具有高学历或者具备一技之长的农村人，均前往一些大城市就业，并不会留在农村，以农业生产为主业的高技术人

[①] 滑园园：《冀中南地区农民就地非农化影响因素的个案研究》，西北民族大学硕士学位论文，2016。

[②] 杨曙辉、宋天庆、陈怀军等：《工业化与城镇化对农业现代化建设的影响》，《中国人口·资源与环境》2012年第S1期，第398~403页。

才少之又少。现阶段，中国农业生产活动均是由老人、妇女完成，该类人群不但文化水平较低，而且不具备专业的农业知识，已经无法满足现代化背景之下的农业快速发展的实际需求，劳动力缺乏、务农人员专业技术水平偏低已经成为农业向高端升级过程中的一大阻碍。在2017年，农业科技贡献率已经超过总体的一半，即为57.5%左右，中国农业发展已经步入新的阶段，即由传统的提高资源投入逐渐转变为科学技术的投入，但是同西方发达国家相比，中国在农业科技贡献方面仍需进一步努力。通过对第十次公民科学素养调查结果进行深入分析可知，2018年，中国拥有一定科学素质的民众占总人口的8.47%，同2015年相比，该比例增长了1.83%左右，增幅十分微小，其中农民科学素养情况仍处于较低水平，远低于城镇居民的科学素养。[①] 2018年，农民具备科学素养的人数占比、城镇居民具备科学素养的人数占比分别为4.93%、11.55%，通过该比例可以看出，这两类群体之间仍存在十分显著的差距。我国农村居民科学素养更是远低于发达国家水平。

因此，鉴于我国农业科技相对落后，农业人口科学素养较低，城镇居民尤其是青少年对农业知之甚少，同时乡村振兴战略需要农业科技的有力支撑，必须加强农业科普工作的有效性，通过多种途径拓展农民培训广度，积极推动农业科技的普及率，确保"三农"政策得到贯彻落实，使农业科技的效用得到充分展现，进而为乡村振兴战略的稳定实施"保驾护航"。无论是在农业科技发展方面，还是农业知识普及工作过程之中，农业科研机构均扮演着十分重要的角色，作为农业科研人员的聚集地和农业科技的发源地，要充分发挥作用，促进农业科普，并使农业科普工作取得实效。本文从分析农业科研机构开展科普活动对农民农业农村发展的作用入手，分析制约农业科研机构科普的主要因素，提出加强农业科研机构科普工作有效性的主要对策。

---

① 赵平：《"十五"中后期我国财政支农政策的具体选择》，《经济师》2003年第3期，第71~72页。

一 农业科研机构开展科普活动的意义

农业科研机构的农业研究特性、农业科技人才优势、社会责任等都决定了农业科研机构应在农业科普工作中发挥重要作用,促进我国农业的发展,有效提升农村农民的科学素质,为乡村振兴战略实施和美丽乡村建设保驾护航。因此,农业科研机构开展科普活动具有重要的意义。

(一)推广农业技术,促进农业经济发展

农业科普不但是建成小康社会的一项重要措施,同时也是能否实现全面小康的关键。十九大报告明确提出,全党、全国、全社会要同心协力,凝聚力量,积极推进"精准扶贫、精准脱贫"工作落到实处。要做到精准扶贫首先要找到致贫问题关键所在,然后寻求解决办法,而农业科技科普是至关重要的环节。农业科研机构将农业科技普及到落后贫困地区,使农民掌握农业科技,同时引入一些易操作、智能化程度较高的农业设备,使劳动生产率、土地利用率均得到进一步提升,切实改善农业生产条件,积极建设农村,帮助广大农民实现脱贫,推动农业经济发展。

(二)普及科学知识,提升农民科学素养

农民的科学素养偏低是农村致贫的重要因素之一,切实提升农民科学素养不但是农村经济快速发展的重要前提,同时也是实现现代化农业、标准化农业的重要基础,更是能够顺利完成建设美丽乡村目标的关键。农民受教育程度较低,文化素质处于较低水平,[①] 造成农民的思维固化、观念落后,并且各种行为偏于保守,不愿意接受先进技术,甚至对其持排斥态度,面对新技术、新产品通常是观望、等待,这影响农村产业结构调整。美好乡村

[①] 侯玉玲:《快速城镇化和新型城镇化:促进、制约农民收入的比较研究》,《华北金融》2014年第3期,第22~25页。

建设工作的推进需要思维活跃、科学素养较高的新型农民给予大力支持，并且还要以繁荣兴旺的农村作为重要基础，所以必须要结合实际情况，通过多种途径培养一批文化素养高、技术能力强、思维活跃的新型农民，进而为乡村建设助力。打破农民的固化思维，帮助农民建立一种基于现代化需求的生产理念，突破传统种植结构的制约，对农村结构进行优化；在传统耕种方式的基础上，引入现代化机械设备，以科学、合理的理念为指导，推进"科学种田、合理种田"。与此同时，积极搭建技术技能培训基地，大力宣传科学文化知识，切实为农民解决农业生活活动中的实际问题，从而逐渐提升农民的科学素质，保障美丽乡村的建设。[1] 因此，农业科研机构有义务、有能力去提升农村农业人口的科学素养，要利用一些通俗易懂的语言为农民详细讲解农业方面的专业知识，利用农民喜闻乐见的方式进行宣传，用现代化科学技术知识填充农民的大脑、用先进的机械设备武装农民，[2] 扭转农民的传统思维，使其向科技型转变，这样才能推动农村经济实现又好又快发展。

（三）开展科普活动，培养青少年科学兴趣

中国在落实科学发展观、推行可持续发展的过程之中，农业是至关重要的一个领域，青少年是祖国的花朵，承担着推动国家发展、促进社会进步、提高人民生活水平的重任，同时也是实现美丽乡村目标、发展现代化农业的主要推动者与建设者，对青少年开展农业科普直接关系着未来农业科技人才的培养问题。[3] 目前，青少年一代对于农业了解越来越少，兴趣越来越淡，而对于长期成长、生活于城镇的青少年，在农业知识方面的掌握程度普遍偏低，甚至有许多青少年从未深入过农村、接触过农业相关的知识。即使是生

---

[1] 王向东、杜振和、张爱华：《提高农民素质　发展现代农业》，《吉林农业》2016年第8期，第38页。
[2] 杨云善：《农民持续增收和新农村建设之间互动关系探析》，《农业考古》2006年第3期，第95~98页。
[3] 刘彦侠：《新时期农业科技推广与推进青少年农业科普教育工作的思考》，《农技服务》2017年第7期，第178~179页。

活在农村的许多青少年因为学业和教育观念等原因也未能充分地接触农业。由于农业科研的长期性、渐进性等特点，造成公众不太熟悉农业科研工作者，对农业相关专业仍存在一些误解，认为"学农就是学种地，工作环境脏乱差"。因此，报考农业相关专业的生源较少，大部分选取农业院校就读的学生也是基于一些外在因素的影响，如经济水平较差、高考成绩较低等，并不是出于兴趣爱好。如此一来，农业院校在招生方面面临较大困难。科学普及是唤起青少年对农业科技的热情和兴趣从而在未来投身到农业科技行业的重要途径，毋庸置疑，农业科研机构要发挥重要作用。

（四）进行答疑解惑，正面引领"三农"问题

随着我国农业发展，与农业相关的新问题、新概念越来越多，特别是农产品安全、生态环境等领域容易产生公共危机事件，人们的正确理解对于农业乃至我国社会发展具有重要作用。并且，随着社会进步，人们对于真相的探求更加强烈。因此，在与农业新问题、新概念相关的一些突发性公共危机事件出现时，农业科研机构有责任、有义务将相关知识对大众进行普及，为公众答疑解惑，及时普及新知识以避免误解的产生，同时运用现代化科学知识与技术切实帮助民众解决生产生活中遇到的各种矛盾问题，只有这样才可以妥善处理一些同农业发展存在一定关联的危机事件，消除对农业发展产生不利影响的因素。这些工作不但同科学发展、社会进步存在密切关联，而且也直接关系着我国农业科技水平的提升。

二 农业科研机构科普工作现状以及制约因素分析

（一）农业科研机构科普工作现状

1. 农业科研机构科普工作形式

在对科普工作认识普遍提高的大环境下，农业科研机构也在积极地开展科普工作，取得了一定的成效和一定的工作经验，农业科研机构在科普工

中也在积极地创新科普形式。目前已经形成了传统模式与新型模式相结合的科普形式，既有以科普讲座和实地参观为主的农业科普活动，也有以参与为主的体验式科普活动，还有与现代智慧农业相结合的科技型科普活动等等。[①] 如：中国科学院"公众科学日"科普活动，每年开展一次，包括涉农院所在内的所有院所对公众开放，已经成为品牌科普活动，并且包含了多种形式的科普活动；浙江省农业科学院东阳玉米研究所与吴宁五校合作开展"太空种子种植"活动，借助多元化的途径逐步培养青少年在农业科技方面的兴趣爱好；浙江省农科院杨渡科研创新基地是目前国内一家十分成功的农业知识普及与教育机构，无论是政府官员，还是科研专家、普通民众，均慕名前往参观、学习。在该基地中，可以切身感受农业种植过程、农产品的成长，并且还有专业的讲解员为游客答疑解惑，使民众在农业科技方面的兴趣提升至较高层次，极大地推动了农业经济的发展。[②]

2. 农业科研机构科普工作人员

农业科研机构科普工作人员一般是由专、兼职科普工作人员组成，其中专职人员较少，在科普工作开展较系统或科普工作开展较多的农业科研院所才会设有专门的科普部门和专职科普工作人员，大部分农业科研机构的科普工作是由单位的科研管理部门或行政办公室负责，科普工作人员以兼职人员为主。[③]

作为兼职科普工作人员主要组成部分的科研工作者，对于科普工作的认识和认可度将影响科普工作人员队伍的组成和科普工作的开展。针对科研人员对于科普工作的态度，本文选取农业科研人员作为研究对象，并开展了问卷调查活动，其中调查对象的涵盖层面十分广泛，如研究员、副研究员、助理研究员等，男性、女性，年龄范围为30~55岁。调查结果显示，调查对

---

① 左雪冬、李端奇：《新时期农业科研单位开展农业科普工作的实践与建议》，《中国热带农业》2014年第4期，第78~80页。
② 连彦乐：《加强农业科研院所科普工作的思考》，《农业科技管理》2017年第6期，第31~34页。
③ 杨晶、王楠：《我国大学和科研机构开展科普活动现状研究》，《科普研究》2015年第6期，第93~101页。

象一致认为科研工作者应当承担科普责任,认为科普在科研工作者工作中所占的比重不宜超过 10%,以短期多次的形式开展科普工作为主;① 调查对象都有参与科普工作的意愿,但都表示会受到时间和精力的制约,对于经费和社会认可等方面的限制内容没有太多表述,说明科学家都愿意做科普,不管社会是否认同,但是却受到时间和精力的限制。

(二)制约农业科研机构科普的主要因素

虽然农业科研机构科普工作在最近几年因经济水平提升以及在对科普工作的重视下得到了良好的发展,但仍存在诸多限制因素阻碍农业科研机构科普工作的开展。

1. 农村现状使得农业科普难以有效开展

2018 年,农民拥有科学素质的占比非常低,仅为 4.93% 左右,远远低于国内平均水平,而该方面的缺陷也成为制约农业科普有效性的主要瓶颈之一。目前更为严重的情况是,从事农业生产活动的人员多为老人、病人、妇女等,青壮年均前往大城市就业,青壮年接受教育程度相对较高,是对新知识、新事物接受最快的一个群体,也是行动力最强的群体,而这个群体在农村的缺失,导致了农业科普工作难以开展。

2. 农业科普社会认可度低

科研任务重,导致农业科研工作者普遍动力和精力不足,影响农业科研机构科普工作的开展。科普本是科研工作者的基本内容和责任,但在开展各种形式的科普活动中,通常无法得到相应的表彰,并且在对科研工作者所取得成就进行评判的过程之中,科普方面也未纳入评价体系之中,所以科研工作者在科普工作方面的积极性较低,科普工作的外部环境较差,并且大部分人都认为,只有一些科研成就较低的人才会从事科普工作,正是在这种背景之下,科普工作不会给科研工作者带来好的形象,反而会给其个人形象带来

---

① 刘彦君、吴晨生、吴琼等:《我国科研机构开展科普工作的现状、问题及对策》,《科协论坛(上半月)》2010 年第 2 期,第 40~43 页。

负面影响，成为影响科研工作者做科普的主要障碍，同样也是影响农业科研机构开展农业科普的因素。①

农业科研人员同样面临着科研和生活的双重压力，没有时间和精力用在科普工作和科普能力提升上面；做科普工作得不到单位的承认，单位的职称和岗位评价体系中并没有科普的内容，做科普工作并不能加分，不如将时间放在能够得到实际利益的科研工作中。

科普工作的社会认可度和自身科研工作压力都是影响农业科研机构科研人员开展科普工作的因素，没有科研人员充分参与当然影响农业科研机构科普工作的开展。

3. 农业科普经费投入不足

农业科普经费投入不足。2017年度全国科普统计数据显示，我国人均科普专项经费4.51元，而部分农村地区甚至不足1元，多年来的投入不足也造成了农村科普设施比较落后。② 目前，我国对于农业科学研究和农业发展投入了大量的经费，但专门用于农业科普的经费却很少，不能满足农业科普的需要，限制了农业科研机构科普工作的开展。在科普工作有效性降低的同时也降低了国家在农业科技发展上投入经费的使用效益和农业研究成果的普及推广，降低了农业科研成果的转移转化和实际应用效果。

4. 农业科普工作不系统

虽然我国已出台了部分农业科普政策，例如"科普惠农兴村计划"等，但是在实际开展过程之中，并未引起广大民众的重视，仅仅是流于形式，无法发挥科普政策的实际效用，并且缺乏一个平台和一个完善的体系将涉农科研机构串联起来，形成一个整体，形成品牌，并在同一个品牌、同一个体系的带动下开展有效、全面的科普工作。科普推动力不足和科普平台体系的不完善阻碍了农业科研机构科普工作的开展。

---

① 李德新、纪素兰：《农业科研单位科技扶贫的实践、体会和建议》，《农业科研经济管理》2009年第4期，第39~42页。
② 鲍荣龙、吴志坚：《加强现代农民科普以促进社会主义新农村建设》，《现代农业科技》2008年第13期，第337~339页。

科普人才培养体系也不完善。在农业科研机构中，科研工作者虽然都有着很强的专业知识，但是科普传播的能力却普遍缺失，大部分科研工作者并未接受过科普技能培训。我国的科普能力培养体系尚未建立，并且未搭建专业的科普人员培养机制，所开展的一些培训活动不仅水平较低，而且次数较少。目前，在科普工作方面，未形成良好的沟通机制，科研工作者见面讨论的都是科学问题，少有科普工作方面的交流与讨论。农业科研机构科研工作者同样面临着科普技能短缺的问题，缺乏科学传播的训练和经验，不能够有效开展农业科普工作。

三 加强农业科研机构科普工作有效性的主要对策

党的十九大之后，农业部、教育部共同出台了《关于深入推进高等院校和农业科研单位开展农业技术推广服务的意见》①，明确指出，在新时代背景之下，全国人民要积极推动乡村振兴战略，通过各种途径提升农业科技水平，为"三农"政策的落实提供可靠保障。农业机构在开展各类科普活动的过程之中，要立足于现实，突破制约因素限制，开展科普工作，充分发挥农业科研机构在农业科普工作中的作用。

（一）创新农业科普形式，增强科普吸引力

农业科普工作开展的有效性受到科普形式的影响，农业科研机构要充分发挥人才高地的优势，创新科普形式，适应时代要求，增强农业科普吸引力，使农业科普起到实效。一是要建立与现代科技衔接的科普平台。引入一些现代化宣传媒体，例如 App、互联网等，使科普活动的趣味性得到进一步提升。二是通过建设科普示范基地的方式推动科普工作有序开展，通过参观农业科普基地，民众可以切实感受到农业生产的趣味性，更加直

---

① 农业部、教育部：《关于深入推进高等院校和农业科研单位开展农业技术推广服务的意见》（农科教发〔2017〕13号），2017年12月21日。

观、形象地了解农业知识，同时再引入一些现代化高新技术，帮助民众学习、理解农业方面的知识。① 三是开展互动式的农业科普。互动式科普重视发挥受众在科普活动中的作用，强调在科学传播中造就"互教互学"平台与氛围。四是丰富科普内容，创新科普形式，开发科普产品，使科普内容不再局限于传统的模式和内容，研发一些好玩有趣、吸引力较强的科普产品，增强农业科普的独特魅力，提升科普效力。五是运用有效的运作模式，通过经营性运作模式、示范性运作模式、服务性运作模式和项目性运作模式等，带动一系列农业科普活动，以对各类目标受众切实产生影响。

（二）打造农业科普品牌，提高社会认可度

科普工作的开展需要品牌科普活动的引领和带动，如中国科学院的"公众科学日"等，正是在该活动的积极带动之下，中科院全体人员投身于科普工作之中，将全院的科普资源对外开放，将全院的科研成果向大众宣传，对我国科普工作的开展起到了促进作用。农业科普工作也需要品牌科普的带动，在原有的农业科普工作和农技推广中心等工作的基础上，由农业科研机构发起，形成高层次、高水平的农业科普品牌，带动农业科普工作的开展，促进农业发展，推动我国乡村振兴和美丽乡村战略的实施。

（三）加大农业科普投入，保证科普工作持续进行

农业科普需要足够的资金支持，农业科研机构开展科普活动，若没有科普经费的投入，就会增加农业科研机构的财政负担，不利于农业科普工作的有序开展。因此，需要对农业科研机构开展科普工作增加必要的科普经费补助。主要可以运用下列三种方式：其一是逐步加大政府在农业科普方面的资金投入力度。全国各级政府部门在制定本地区财政预算的过程之中，必须要将农业科普工作的经费纳入其中，有目的、有计划、有针对性地投入经费，

---

① 刘维帅：《创新农村科普模式 提升科技服务水平》，《吉林农业》2017年第17期，第43~53页。

确保经费发挥实际效用，积极推动农业科普人才的培养。其二是社会资金的投入，按照工业反哺农业、城市支持乡村的格局，设立专项资金资助农业科普的服务平台。① 其三是借鉴发达国家，在国家部署的各类与农业相关的科研经费投入中，拿出一定比例的经费用于农业科普工作，这样既能保证农业科普工作的持续进行，又能保证农业科研经费的成果产出发挥到实处，一举两得。农业科普工作既需要各级专项经费支持，也需要各类资金资助，多位一体共同促进农业科普工作的有序发展。

（四）整合多元社会力量，促进农业科普工作开展

农业科研机构也应与社会力量合作，形成优势互补，共同促进农业科普工作的开展。农业科普仅有农业科研机构和涉农事业单位来做，单一的主体必然会影响农业科普事业向纵深发展。可以用市场化的思路来指导科普工作，请商业机构加入科普工作，与农业科研机构联合，增加新力量，为科普事业发展开创一个新天地。企业办科普，可变政府意愿为企业行为，企业办科普的建设资金由企业出，可减轻政府的财政负担；企业往往是高科技、新技术的倡导者，企业的加入也能够充分发挥高科技的作用，为社会带来效益；企业可以在科普活动中得到回报，与农业科研机构的联合可以提高企业的科技含量，也可以实现企业经营与科学研究融为一体，增强农业科普整体能力，使农业科普发挥更大作用。社会力量的加入，能实现农业科研机构与社会力量之间的相互促进、优势互补，促进农业科普工作的可持续发展。②

（五）加强规划资源配置，有效激励农业科研机构科普工作

加强对农业科研机构农业科普的重视，政策制定、专项推动都是必要的

---

① 辛文春：《建立农业科普传播的长效机制初探》，《农业开发与装备》2016年第8期，第91页。
② 张永杰：《我国农业科技水平的现状与发展策略》，《农业科研经济管理》2012年第1期，第10~12页。

措施。一是各级政府部门要结合当地农业特色与经济水平,制定合理、完善并且适宜当地农业发展的科普工作总体规划,主要包含科普工作的内容、实际效用、协调方案等。同时,制定完善的科普目标责任机制,将科普工作的责任落实到个人,从而推动农业科普工作的良性发展。二是建立健全部门间协作机制,实现部门间的协调合作,为农业科研机构科普创造好的政策环境,有效促进农业科普工作开展。三是将农业科普列为专项工作,农业科研机构设置专门的科普职能岗位,专人负责必定能促进农业科普工作的开展。

(六)加大科普人才建设,有效整合农业科普力量

农业科研机构是科普的权威机构,建立一支结构合理的农业科普人才队伍是农业科研机构做好农业科普工作的关键因素。首先,农业科研机构应充分发挥高水平科研人员在农业科普中的作用,引导和激励科研人员积极开展科普工作;其次,要实现农业科研机构之间的联合,整合农业科研机构的力量,更加系统地开展科普工作;再次,要特别注重把握"老中青"组合,即同时要重视发挥退休科研人员、有影响力的中青年科研人员以及研究生的作用,保证科普工作队伍建设和科普工作的延续性;最后,要做好对农业科研机构科研人员开展农业科普工作的管理与培训,通过培训加强科研人员对"三农"实际情况的了解,运用多种途径宣传农业知识。通过这些方式,由农业科研机构组建一支高水平的科普人才队伍,有效整合农业科普力量,做好农业科普工作。

Abstract

Research report on the development of science popularization talents in China (2018 - 2019), collecting the research results of professionals in the field of science popularization talents in the past two years, is a systematic report on the current policy, team training, construction and development of science popularization talents in China.

The development of science popularization talents cannot do without the policy guidance and support of science popularization talents. Top - level design and policy supply have always been a problem that science popularization talent managers and researchers are trying to solve. The general report sorts out the evolution and development of science popularization talent policy in China (B. 1). The special report inspects and evaluates the development of China's high - level science popularization talent training in the past five years, and makes a comprehensive analysis from the aspects of enrollment, employment, internship, library - school cooperation, innovation and entrepreneurship, etc. (B. 2); actively explores the mode and approach of training high - level science popularization professionals' practical ability (B. 3); investigates the scientists' scientific communication activities to the public, and draws the measures taken by European countries to support public exchanges between universities and scientific research institutions, and puts forward strategies for improving scientists' scientific communication ability (B. 4); in view of the training of professional science popularization talents, makes a detailed analysis of the newly emerging categories of science popularization talents, such as the latest science popularization talents training mode (B. 5), science popularization film and television creation talents (B. 6) and emergency science popularization talents (B. 6), in an attempt to present the work contents and modes of more science popularization talents to the public.

213

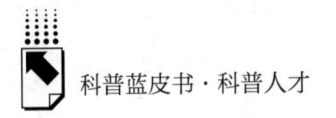

Based on the new perspective of science popularization, the Report makes in-depth analysis on what is the attraction of science popularization organizations to science popularization talents (B.8), what is the epoch-making significance of the title of Beijing science popularization talents (B.9), how to develop and adapt the training strategy of science popularization talents under the background of innovative culture (B.10), what are the role and orientation of science popularization personnel when scientific research institutions carry out science popularization activities (B.11).

The Report serves as an important reference for the science popularization managers, science popularization researchers and teaching and training personnel for science popularization personnel training. Key words: Policies regarding science popularization professional, science popularization professional, development of science popularization professional

Research Group of Research report on the development of science popularization talents in China

Contents

I General Report

B. 1 Research on Science Popularization Personnel Policies:

Evolution, Trend, and Prospect

Zheng Nian, Ren Rongrong, Yang Bangxing / 001

Abstract: The 70 years since the founding of People's Republic of China has seen great changes in science popularization personnel policies. In this paper, a social network analysis is made on the discourse of science popularization personnel policies adopted from 1994 to 2018, with the policies divided by stages based on their nature and connotation of the times, so as to explore the evolution trend of science popularization personnel policies. Further analysis of the evolution trend shows that the science popularization personnel policy system develops towards continuous enrichment and improvement on the whole, and it is also in need of new policies due to such problems as obvious marginalization of policy behavior network nodes, incoordination between purposeful policy behaviors and instrumental policy measures, and weak connection between behaviors in the policy keyword network. Based on this, prospect is made for the development trend of science popularization personnel policies, with a view to providing appropriate theoretical support for the construction of science popularization personnel policy.

Keywords: Popular Science Talents; Policy Evolution; Network Centrality; Network Cohesion

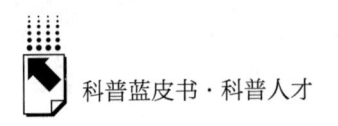

Ⅱ Training of High-Level Popular Science Professionals

B.2 Work Report on Pilots for Training High-Level Science Popularization Professionals　　　　　　　　*Ren Rongrong* / 046

Abstract: high-level science popularization professionals are elites of the science popularization personnel team and the source of vitality to promote innovative development of science popularization. This report gives a systematic analysis of the training of high-level science popularization professionals in China in recent years, summarizes the achievements of the "pilot work" in detail, analyzes the problems existing in the "pilot work" and the causes, and puts forward improvement suggestions on future training of high-level science popularization professionals in China accordingly.

Keywords: High-Level Science Popularization Professionals; Pilot Work; Personnel Training; Master of Science Popularization

B.3 Research on the Practical Ability Training of High-Level Science Popularization Professionals　　　　　　　　*Wu Chunting* / 073

Abstract: The team building of high-level science popularization professionals is an important measure in the initiative to improve the scientific literacy of the whole people. Colleges and universities are the main bases for training high-level science popularization professionals. With the joint efforts of the Central Government and the society, the number of science popularization personnel is on the rise. In this study, a knowledge-capability model of high-level science popularization personnel is built according to the characteristics and needs of science popularization practice. Based on the training practice of "science and technology education" major in Beijing Normal University, this paper puts forward such suggestions as perfecting the curriculum system, enriching the practice forms, constructing the talent training mechanism, and strengthening the professional teaching staff, so as to train a high-quality science popularization personnel team.

Keywords: Popular Talents; Science High-Level Popular Science Talants; Science and Technology Education; Capability Model of Popular Science Talents

B. 4 Research on the Present Situation and Countermeasures of Science Communication Activities by Chinese Scientists

Liu Xuan, Ren Rongrong / 086

Abstract: On the one hand, the public expects scientists to participate in public exchanges and scientific communication to better assume their social responsibilities. On the other hand, some scientists are not good at spreading scientific knowledge to the public. This study investigates the public-oriented scientific communication activities conducted by scientists based on 607 universities and scientific research institutions in China. Moreover, it draws on the measures taken in European countries to support public exchanges of universities and scientific research institutions. Effective countermeasures and suggestions catered to the situation of China are put forward from the following breakthrough points: clarifying policy orientation, setting up special communication projects, integrating resources of higher education institutions, and giving full play to the industry-leading role of the societies, with a view to provide reference for Chinese scientists to better assume social responsibilities and improve public scientific literacy.

Keywords: Scientists; Scientific Communication Activities; Popular Science Talents

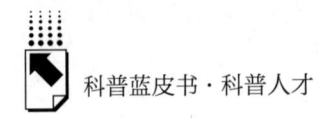

III Training of Science Popularization Professional

B.5 Exploration on the Science and Technology Backyard-Based Science Popularization Personnel Training Mode

Sun Zhaoyang, Zheng Yi, Gao Shuhuan / 101

Abstract: In order to provide experience for the training of high-level agricultural science popularization personnel and rural science popularization personnel, this paper analyzes the experience of China Agricultural University in science popularization personnel training based on "Science and Technology Backyard", detailing the founding background, concept, basic composition, main work, and achievements of the "Science and Technology Backyard". The author summarizes the advantages of the Science and Technology Backyard-based science popularization personnel training mode, and puts forward targeted countermeasures and suggestions on the challenges for training of high-level agricultural science popularization personnel and rural science popularization personnel.

Keywords: High-Level Agricultural Popular Science Talents; Rural Popular Science Talents; "Science and Technology Backyard" Training Mode

B.6 Research on the Current Situation and Countermeasures of the Construction of Popular Science and Technology Talents

Ding Ling / 119

Abstract: As one of the important channels of scientific communication, popular science film and television plays an irreplaceable role in improving the quality of citizens. The cultivation of film and television science creative talents is of great significance to enhance the creative ability of popular science and television works. This paper defines the concept of popular science and technology talent team, discusses the development status of popular science and technology talent team, analyzes the challenges faced by popular science and technology talents from the aspects of talent demand and talent supply; finally, from shaping the film industry environment and exploring popular science film The talent training mode and the promotion of the enthusiasm of science and technology talents in training, put forward the suggestions for the construction of popular science and technology talent team.

Keywords: Popular Science Film and Television; Popular Science Film and Television Creation; Popular Science Creative Talents

B. 7　Research on Emergency Science Popularization Talents Training in China　　　　　　　　　　*Yang Jiaying, Zheng Nian* / 130

Abstract: Emergency science popularization personnel play an important role in reducing casualties and property losses in emergencies. Through literature arrangement, field investigation, and data statistics, and based on the definition of emergency science popularization personnel in China, this paper systematically analyzes the overall situation of emergency science popularization personnel in China, explores the existing problems, and finally puts forward suggestions, with a view to promoting the emergency science popularization work.

Keywords: Emergency Science Talents; Science Talents Training; Emergencies

Ⅳ　New Perspectives of Popular Science

B. 8　Research on Contributory Factors for Attraction of Science Popularization Organization—A Job Seeker Perspective

Lyu Jun, Tang Shukun / 146

Abstract: It is an important topic in urgent need of solution to introduce, train and retain professionals during the development of science popularization in China. This research focuses on "introduction of professionals" to carry out research on the connotation and dimensional composition of the attraction of science popularization organizations, the intention and behavioral intention of job seekers, and the team building of science popularization personnel. The study finds that the attraction of science popularization organizations can be divided into social achievement value, economic security value, psychological stability value, job characteristic value, and development value. Candidates of different genders, educational backgrounds and majors share certain characteristics or show significant differences in various dimensions of the attraction of science popularization organizations. The five dimensions of attraction, which have significant positive effects on the employment willingness, are arranged in the order of decreasing impact coefficient: job characteristic value, psychological stability value, social achievement value, development value, and economic security value. Finally, based on the analysis and discussion on the findings above, suggestions are put forward for the team building of scientific popularization organizations.

Keywords: A Job Seeker Perspective; Science Popularization Personnel; Organization Attraction; Team Building

B. 9 Reflections on the Initial Establishment of the Beijing Professional Title of Science Communication　　　　　　　　　　　*Niu Guiqin* / 165

Abstract: Personnel evaluation and title appraisal are important components of personnel development system and mechanism, and key issues in personnel introduction, training, utilization and mobility. Taking the establishment of Beijing Professional Title of Science Communication which is based on classified evaluation of personnel as the research object, this paper discusses the practical exploration and main problems in science communication personnel evaluation and professional title appraisal in Beijing, and puts forward improvement suggestions on further giving play to the "directing" role of science communication personnel evaluation and professional title appraisal and strengthen the team building of science communication personnel.

Keywords: Classified Evaluation; Professional Title Appraisal; Science Communication Talent

B. 10　Research on Strategies for Training of Science Popularization Personnel in the Context of Innovative Culture Building

Ni Jie, Feng Yu / 180

Abstract: Culture is the soul of a country and a nation, and a productive force. Cultural innovation is the fundamental way to cultural confidence and innovative culture is the basis and goal of cultural innovation. Technological innovation and science popularization are of equal importance and are the two driving forces to realize innovative development. In such a context, it is necessary to gradually build an inter-disciplinary and cross-field reciprocal mechanism of "science popularization" among the scientists, so as to achieve information exchange among scientists in different fields and disciplines and to facilitate further inter-disciplinary and cross-field cooperation. We should especially strengthen the training of high-level science popularization personnel in medical treatment, medicine, and health care to adapt to the oncoming aging society. For scientific research institutions and projects involving profound public interests or a wide range of public sphere, the science popularization funds shall be set up or its proportion in scientific research funds shall be increased, and corresponding evaluation mechanism shall be formulated to ensure the unfolding of science popularization activities.

Keywords: Culture of Innovation; Science Culture; Science Communication; Science Talent Training

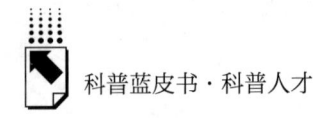

B.11 Reflections on the Effectiveness of Scientific Popularization in Agricultural Research Institutions　　*Zhao Jun , Tan Limei* / 200

Abstract: As we all know, China has been a big agricultural country since ancient times, but at present it is faced with such problems as poor scientific literacy of the agricultural population, relatively backward agricultural science and technology, and lagging rural development, all of which calls for agricultural science popularization. As the place converging agricultural knowledge and agricultural researchers, and the cradle of agricultural science and technology, the agricultural scientific research institutions should have been given full play in agricultural science popularization work. However, they are faced with restrictions in various ways. Starting with the effect of scientific popularization activities conducted by agricultural scientific research institutions on the development of farmers, agriculture, and rural areas, this paper puts forward the main countermeasures to strengthen the effectiveness of scientific popularization work in agricultural scientific research institutions based on the analysis of the current situation and main restricting factors of scientific popularization in agricultural scientific research institutions, so as to promote the popularization of agricultural science and technology and the modernization of agriculture and rural areas in China.

Keywords: Agricultural Scientific Research Institutions; Science Talents; Popular Science Work

社会科学文献出版社

皮 书

智库报告的主要形式
同一主题智库报告的聚合

❖ 皮书定义 ❖

皮书是对中国与世界发展状况和热点问题进行年度监测,以专业的角度、专家的视野和实证研究方法,针对某一领域或区域现状与发展态势展开分析和预测,具备前沿性、原创性、实证性、连续性、时效性等特点的公开出版物,由一系列权威研究报告组成。

❖ 皮书作者 ❖

皮书系列报告作者以国内外一流研究机构、知名高校等重点智库的研究人员为主,多为相关领域一流专家学者,他们的观点代表了当下学界对中国与世界的现实和未来最高水平的解读与分析。截至2020年,皮书研创机构有近千家,报告作者累计超过7万人。

❖ 皮书荣誉 ❖

皮书系列已成为社会科学文献出版社的著名图书品牌和中国社会科学院的知名学术品牌。2016年皮书系列正式列入"十三五"国家重点出版规划项目;2013~2020年,重点皮书列入中国社会科学院承担的国家哲学社会科学创新工程项目。

中国皮书网

（网址：www.pishu.cn）

发布皮书研创资讯，传播皮书精彩内容
引领皮书出版潮流，打造皮书服务平台

栏目设置

◆ 关于皮书
何谓皮书、皮书分类、皮书大事记、
皮书荣誉、皮书出版第一人、皮书编辑部

◆ 最新资讯
通知公告、新闻动态、媒体聚焦、
网站专题、视频直播、下载专区

◆ 皮书研创
皮书规范、皮书选题、皮书出版、
皮书研究、研创团队

◆ 皮书评奖评价
指标体系、皮书评价、皮书评奖

◆ 互动专区
皮书说、社科数托邦、皮书微博、留言板

所获荣誉

◆ 2008年、2011年、2014年，中国皮书网均在全国新闻出版业网站荣誉评选中获得"最具商业价值网站"称号；
◆ 2012年，获得"出版业网站百强"称号。

网库合一

2014年，中国皮书网与皮书数据库端口合一，实现资源共享。

权威报告·一手数据·特色资源

皮书数据库
ANNUAL REPORT(YEARBOOK) DATABASE

分析解读当下中国发展变迁的高端智库平台

所获荣誉

- 2019年，入围国家新闻出版署数字出版精品遴选推荐计划项目
- 2016年，入选"'十三五'国家重点电子出版物出版规划骨干工程"
- 2015年，荣获"搜索中国正能量 点赞2015""创新中国科技创新奖"
- 2013年，荣获"中国出版政府奖·网络出版物奖"提名奖
- 连续多年荣获中国数字出版博览会"数字出版·优秀品牌"奖

成为会员

通过网址www.pishu.com.cn访问皮书数据库网站或下载皮书数据库APP，进行手机号码验证或邮箱验证即可成为皮书数据库会员。

会员福利

- 已注册用户购书后可免费获赠100元皮书数据库充值卡。刮开充值卡涂层获取充值密码，登录并进入"会员中心"—"在线充值"—"充值卡充值"，充值成功即可购买和查看数据库内容。
- 会员福利最终解释权归社会科学文献出版社所有。

数据库服务热线：400-008-6695
数据库服务QQ：2475522410
数据库服务邮箱：database@ssap.cn
图书销售热线：010-59367070/7028
图书服务QQ：1265056568
图书服务邮箱：duzhe@ssap.cn

社会科学文献出版社 皮书系列
卡号：869519269552
密码：

S 基本子库
SUB DATABASE

中国社会发展数据库（下设12个子库）

整合国内外中国社会发展研究成果，汇聚独家统计数据、深度分析报告，涉及社会、人口、政治、教育、法律等12个领域，为了解中国社会发展动态、跟踪社会核心热点、分析社会发展趋势提供一站式资源搜索和数据服务。

中国经济发展数据库（下设12个子库）

围绕国内外中国经济发展主题研究报告、学术资讯、基础数据等资料构建，内容涵盖宏观经济、农业经济、工业经济、产业经济等12个重点经济领域，为实时掌控经济运行态势、把握经济发展规律、洞察经济形势、进行经济决策提供参考和依据。

中国行业发展数据库（下设17个子库）

以中国国民经济行业分类为依据，覆盖金融业、旅游、医疗卫生、交通运输、能源矿产等100多个行业，跟踪分析国民经济相关行业市场运行状况和政策导向，汇集行业发展前沿资讯，为投资、从业及各种经济决策提供理论基础和实践指导。

中国区域发展数据库（下设6个子库）

对中国特定区域内的经济、社会、文化等领域现状与发展情况进行深度分析和预测，研究层级至县及县以下行政区，涉及地区、区域经济体、城市、农村等不同维度，为地方经济社会宏观态势研究、发展经验研究、案例分析提供数据服务。

中国文化传媒数据库（下设18个子库）

汇聚文化传媒领域专家观点、热点资讯，梳理国内外中国文化发展相关学术研究成果、一手统计数据，涵盖文化产业、新闻传播、电影娱乐、文学艺术、群众文化等18个重点研究领域。为文化传媒研究提供相关数据、研究报告和综合分析服务。

世界经济与国际关系数据库（下设6个子库）

立足"皮书系列"世界经济、国际关系相关学术资源，整合世界经济、国际政治、世界文化与科技、全球性问题、国际组织与国际法、区域研究6大领域研究成果，为世界经济与国际关系研究提供全方位数据分析，为决策和形势研判提供参考。

法律声明

"皮书系列"（含蓝皮书、绿皮书、黄皮书）之品牌由社会科学文献出版社最早使用并持续至今，现已被中国图书市场所熟知。"皮书系列"的相关商标已在中华人民共和国国家工商行政管理总局商标局注册，如LOGO（ ）、皮书、Pishu、经济蓝皮书、社会蓝皮书等。"皮书系列"图书的注册商标专用权及封面设计、版式设计的著作权均为社会科学文献出版社所有。未经社会科学文献出版社书面授权许可，任何使用与"皮书系列"图书注册商标、封面设计、版式设计相同或者近似的文字、图形或其组合的行为均系侵权行为。

经作者授权，本书的专有出版权及信息网络传播权等为社会科学文献出版社享有。未经社会科学文献出版社书面授权许可，任何就本书内容的复制、发行或以数字形式进行网络传播的行为均系侵权行为。

社会科学文献出版社将通过法律途径追究上述侵权行为的法律责任，维护自身合法权益。

欢迎社会各界人士对侵犯社会科学文献出版社上述权利的侵权行为进行举报。电话：010-59367121，电子邮箱：fawubu@ssap.cn。

社会科学文献出版社